7세에는 즐깨감 논리수학 퍼즐

스토리텔링
창의영재수학

7세에는 즐깨감 논리수학퍼즐

1판 1쇄 발행 2020년 1월 20일
1판 7쇄 발행 2023년 5월 20일

서지원 임성숙 **글** | 김현민 **그림** | 와이즈만 영재교육연구소 **감수**
발행처 | 와이즈만BOOKs
발행인 | 염만숙
출판사업본부장 | 김현정
편집 | 오미현 원선희
표지디자인 | 박은실 강덕희 이가람 김혜영
본문디자인 | 금동이책
마케팅 | 강윤현 백미영

출판등록 | 1998년 7월 23일 제1998-000170
주소 | 서울특별시 서초구 남부순환로 2219 나노빌딩 5층
전화 | 마케팅 02-2033-8987 편집 02-2033-8983
팩스 | 02-3474-1411
전자우편 | books@askwhy.co.kr
홈페이지 | mindalive.co.kr

*와이즈만 BOOKs는 ㈜창의와탐구의 출판 브랜드입니다.

7세에는

스토리텔링
창의영재수학

즐깨감 논리수학 퍼즐

| 서지원 임성숙 글 | 김현민 그림
| 와이즈만 영재교육연구소 감수

와이즈만 BOOKs

머리말

아이들의 논리수학지능을 높여 주는 책

논리수학지능(Logical-Mathmatical Intelligence)은 사람이 살아가면서 부딪히는 모든 문제들을 합리적으로 해결하게 해 주는 고마운 지능입니다. 교육심리학자인 하워드 가드너가 '다중지능이론'에서 제시한 인간의 지적 능력 중 하나이지요.

논리수학지능이 뛰어난 아이는 호기심이 많아 끊임없이 질문합니다. 숫자에 민감하고, 집중력이 높은 것도 큰 특징입니다. 문제가 있으면 주먹구구식이 아니라 체계적이고 과학적인 방법으로 마침내 해결책을 찾아냅니다.

논리수학지능은 공부를 잘하기 위해서도 꼭 필요한 지능이고, 장래의 직업이나 전공 선택에 관계없이 꼭 계발해야 하는 지능입니다. 선천적인 특징이 강한 다른 지능들과 달리 논리수학지능은 훈련과 교육을 통해서도 잘 발달시킬 수 있습니다.

《즐깨감 논리수학퍼즐》은 논리수학지능 계발에 가장 효과적인 수학퍼즐을 활용합니다. 전략과 논리를 사용하여 게임처럼 몰입할 수 있는 수학퍼즐은 와이즈만 영재교육의 창의사고력 수학 프로그램에서도 매우 중요한 비중을 차지하고 있습니다.

재미있는 스토리와 다양한 수학퍼즐이 어우러진 《즐깨감 논리수학퍼즐》을 통해 아이들은 상황에 몰입하여 문제를 해결하고 다음 단계로 넘어가는 레벨-업의 경험을 하게 될 것입니다. 이 책을 계기로 아이들이 스스로의 수학적 능력을 발견하고 그 재능을 크게 키워 나가기를 바랍니다.

와이즈만 영재교육연구소 소장 이 미 경

구성과 특징

논리수학지능을 높일 수 있는 8가지의 퍼즐 문제들로 구성하였습니다. 아이들이 재미있는 퍼즐을 풀면서 논리 수학적 대상에 몰두하면서 자신의 재능을 발전시킬 수 있도록 해 주세요.

이야기 속에 퍼즐의 원리가 숨어 있습니다. 재미있는 이야기를 읽으면서 논리 퍼즐이 일상생활과 밀접한 관련이 있다는 걸 알 수 있습니다.

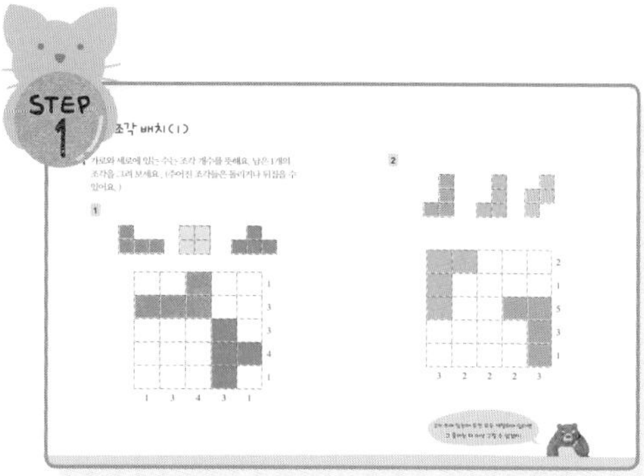

간단한 규칙이나 보기를 통해 원리를 이해하고 흥미를 가질 수 있는 도입 단계의 퍼즐들로 구성하였습니다.

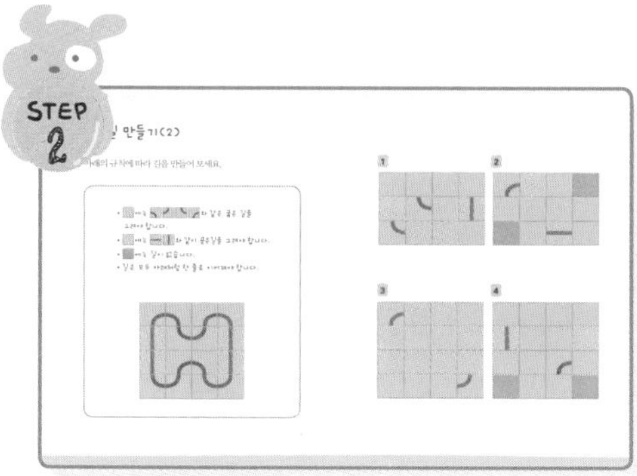

문제에 대한 이해를 기반으로 좀 더 집중하면서 사고의 폭이 커지는 단계의 퍼즐들로 구성하였습니다.

사고의 폭이 가장 확장되는 단계로 창의적 문제 해결력을 끌어낼 수 있는 퍼즐들로 구성하였습니다.

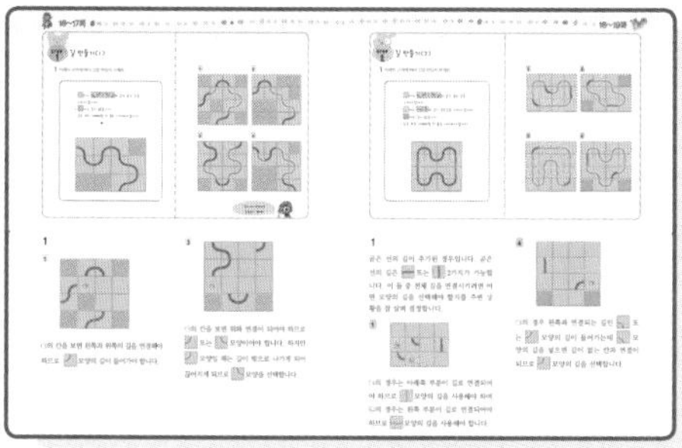

답지 구성과 특징

정답을 한눈에 알아볼 수 있도록 본문과 같은 이미지 위에 파란색으로 답을 표시하였고, 본문 바로 아래에는 [풀이] [다른 풀이] [생각 열기] [틀리기 쉬워요] [참고]를 따로 구성하여 문제에 대한 이해를 도왔습니다.

시리즈 소개

〈즐깨감〉은 스스로 생각하는 힘을 길러 줍니다.

와이즈만 영재교육의 창의사고력 수학 시리즈

1. 일반 수학 문제들이 유형화되어 있는 것과는 달리, 학생들에게 익숙하지 않은 새로운 문제들이 나옵니다. 또한 생활 속 주제들을 수학의 소재로 삼아 수학을 친근하게 느끼도록 하여 주변에서 수학 원리를 탐구하고 관찰할 수 있습니다.
2. 반복 연습이 아닌, 사고의 계발을 중시합니다. 새 교과서가 추구하고 있는 수학적 사고력, 수학적 추론 능력, 창의적 문제해결력, 의사소통 능력을 강화하고 있습니다.
3. 수학교과서에서 많이 다루어지는 소재가 아닌, 스토리텔링, 퍼즐식 문제 해결 같은 흥미로운 소재를 사용합니다. 재미있는 활동이 수학적 호기심과 흥미를 자극하여 수학적 사고력의 틀을 형성시켜 줍니다.
4. 난이도별 문제 해결보다는 사고의 흐름에 따른 확장 과정을 중시합니다.

6세에는 즐깨감 수학

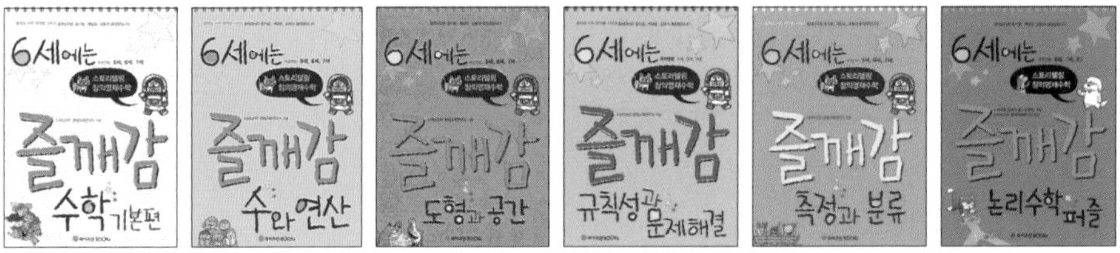

7세에는 즐깨감 수학

즐깨감 스토리텔링 7세 수학

1학년에는 즐깨감 수학

2학년에는 즐깨감 수학

3학년에는 즐깨감 수학

4학년에는 즐깨감 수학

5학년에는 즐깨감 수학

6학년에는 즐깨감 수학

차례

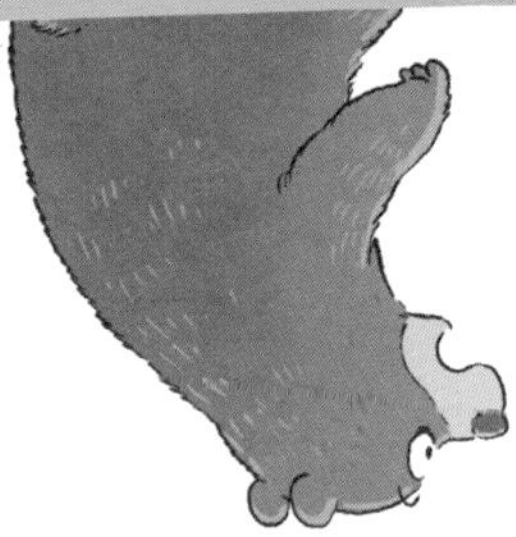

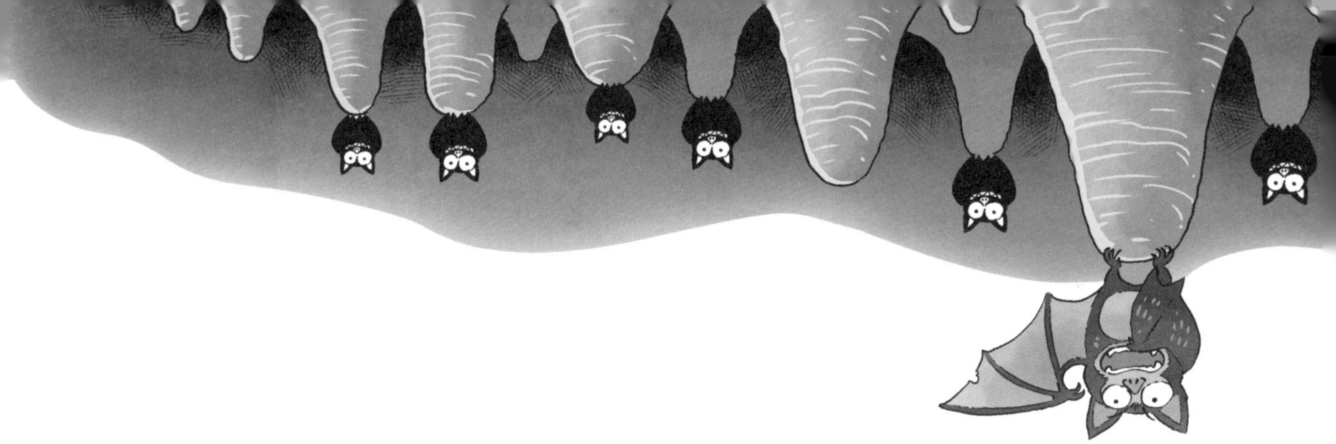

등장인물

빨간 망토

호기심 많고 엉뚱한 소녀. 엄마의 심부름으로 할머니 댁을 찾아가는 동안 툭하면 한눈을 팔고, 잠시도 쉬지 않고 우당탕탕 사고를 벌인다. 하지만 마음만은 착하고 밝다.

다람쥐

빨간 망토의 친구로 수줍음이 많은 편이지만 지혜롭고 현명하다. 엉뚱한 사고를 벌이는 빨간 망토를 말리느라 진땀을 뺀다.

곰

힘이 세고, 덩치도 크지만 마음이 따뜻해서 어려움에 처한 친구를 그냥 지나치지 못한다.

늑대

생긴 게 아주 무시무시해서 못된 동물일 거라는 오해를 사는데 마음은 아주 착하고 따뜻하다. 걸음이 엄청 빨라서 쉽게 따라잡기가 힘들다.

박쥐

귀찮은 걸 싫어한다. 한번 거꾸로 매달리면 몇 달 동안 밥도 먹지 않고 쿨쿨 잠만 잔다. 빨간 망토와 친구들이 동굴로 찾아와 소란스럽게 하자 빨리 내보내고 싶은 마음으로 힌트를 준다.

할머니

빨간 망토를 누구보다 사랑하는 할머니. 뜨개질을 아주 잘하신다. 인자하고 너그러워서 옷을 짜달라고 부탁하는 동물들의 부탁을 한 번도 거절한 적이 없다.

I 미로 퍼즐

"빨간 망토야, 이리 와 보렴."

빨간 망토는 엄마가 부르는 별명입니다.

"이 파이를 할머니께 갖다 드리겠니? 할머니가 요즘 몸이 편찮으시단다. 맛있는 파이를 드시면 기운이 나실 게야."

"네."

"숲엔 무서운 늑대가 있으니까 조심해야 한다."

빨간 망토는 힘차게 손을 흔들며 걸어갔어요.

귀여운 다람쥐가 빨간 망토 뒤를 따라 졸졸 뒤따랐지요.

둘은 콧노래를 부르며 갔어요.

얼마나 갔을까. 멀리 할머니 댁이 보였어요. 빨간 망토는 신이 나서 뛰어갔어요.

"할머니! 할머니!"

그런데 이게 웬일이에요. 아무리 둘러봐도 집 안에 할머니의 모습이 보이지 않는 거예요.

"할머니가 어디 가셨지?"

그때, 다람쥐가 식탁 위에 놓인 쪽지 한 장을 발견했어요.

조건에 맞게 지도를 완성하면 할머니가 계신 곳이 나온다.
할머니를 찾고 싶으면 이리로 와라!

쪽지 뒤에는 이상한 그림이 그려져 있었어요.
"이게 지도인가 봐."
빨간 망토와 다람쥐는 알쏭달쏭한 지도의 모양을 뚫어져라 살펴봤지요.
"여기 좀 봐, 그림 아래에 글씨도 써져 있어."

> 길은 끊어져 있지 않고 모두 이어져 있어야 한다.

"선이 그려진 칸을 잘 보면 노란 칸에는 굽은 길이, 파란 칸에는 곧은길이 그려져 있어. 다른 칸도 그렇게 그리는 것이 아닐까? 차근차근 해 보자. 그럼 할머니가 계신 곳이 나올 테니까!"
다람쥐가 얼른 연필을 물고 왔어요.
"㉡은 위와 왼쪽이 연결되어야 하니까  모양을 넣고, ㉢에는 오른쪽과 아래가 연결되어야 하니까  모양을 넣어 보자. 그리고 ㉠은 위와 아래가 연결되어야 하니까  모양이 되어야겠지!"
"좋았어!"
빨간 망토와 다람쥐는 지도를 완성해 갔어요.

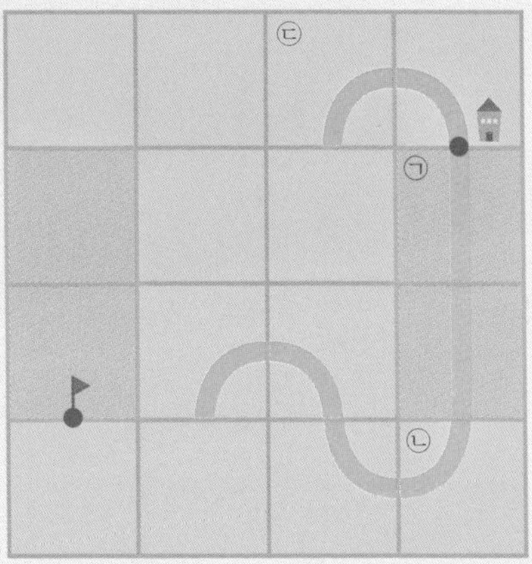

지도가 완성되니 할머니가 계신 곳이 나왔어요.

"할머니가 여기 계시나 봐!"

빨간 망토와 다람쥐는 지도를 가지고 얼른 집을 나섰어요.

STEP 1 길 만들기(1)

1 아래의 규칙에 따라 길을 만들어 보세요.

-  에는 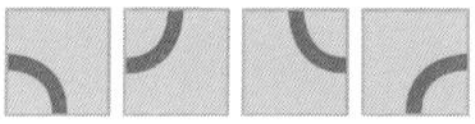 와 같은 굽은 길을 그려야 합니다.
-  에는 길이 없습니다.
- 길은 모두 아래처럼 한 줄로 이어져야 합니다.

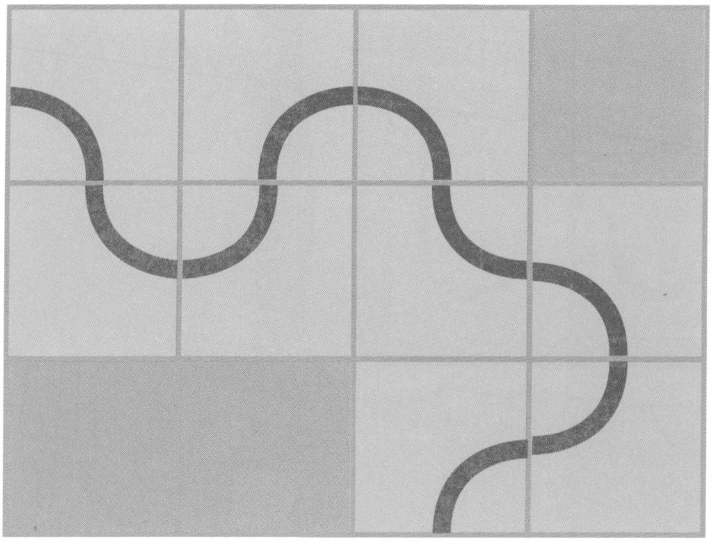

1

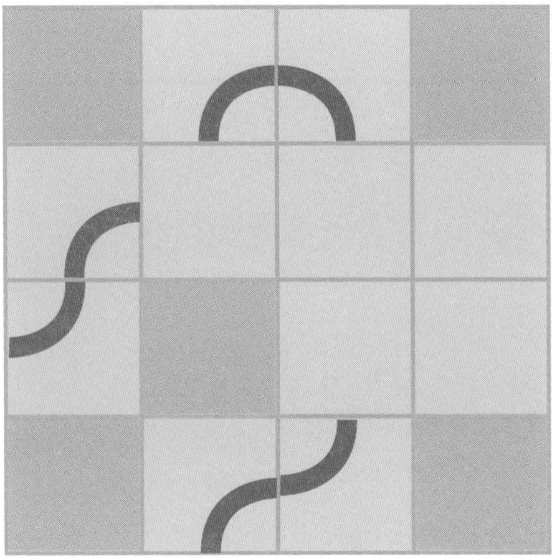

2

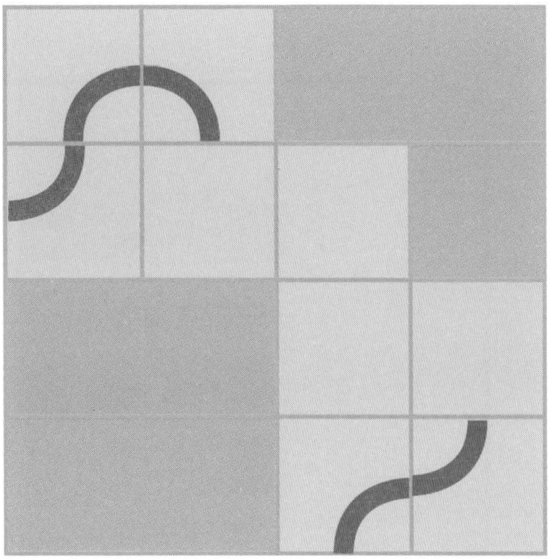

3

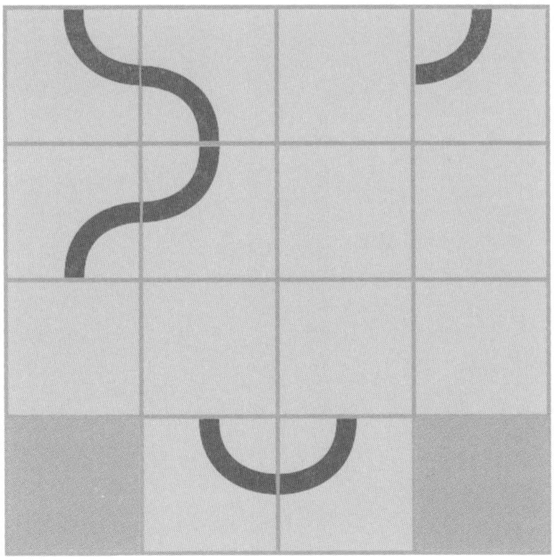

4

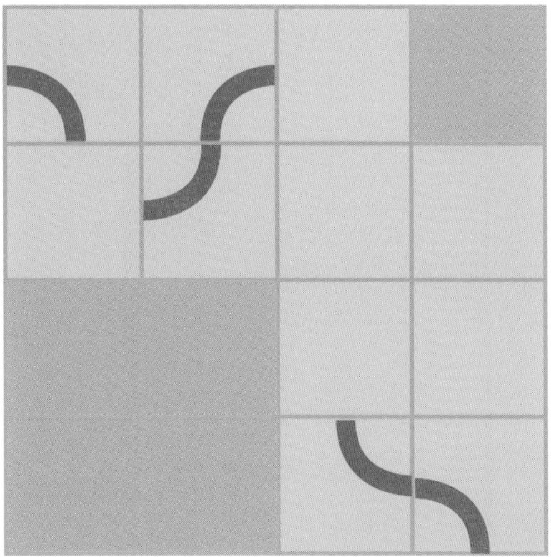

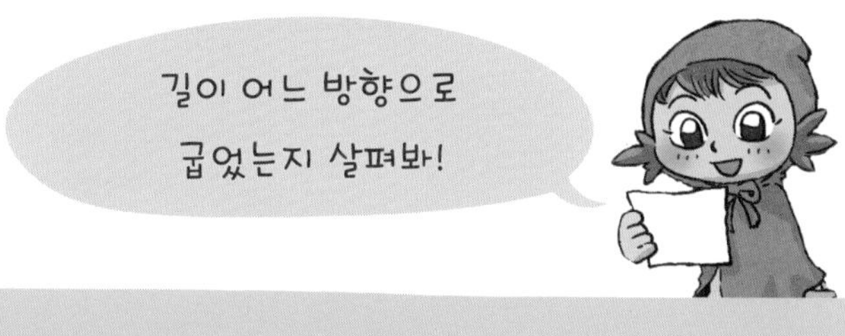

STEP 2

길 만들기(2)

1 아래의 규칙에 따라 길을 만들어 보세요.

-  에는  와 같은 굽은 길을 그려야 합니다.
-  에는  와 같이 곧은길을 그려야 합니다.
-  에는 길이 없습니다.
- 길은 모두 아래처럼 한 줄로 이어져야 합니다.

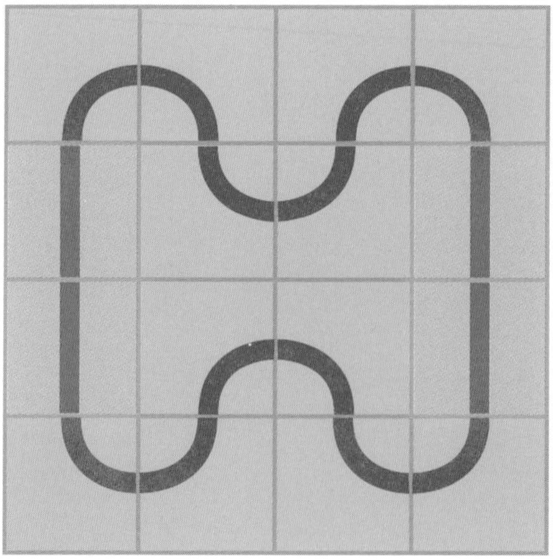

1

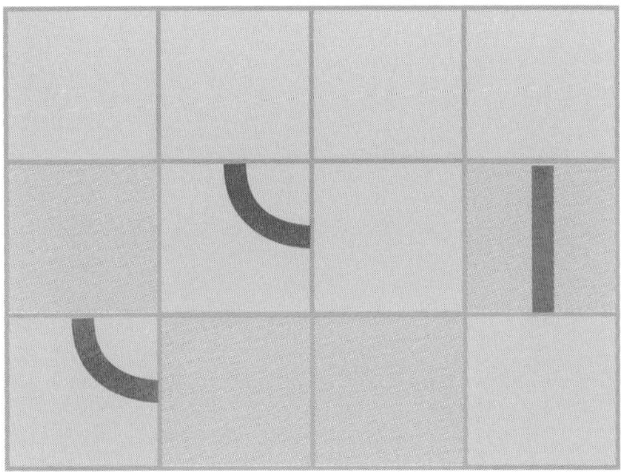

2

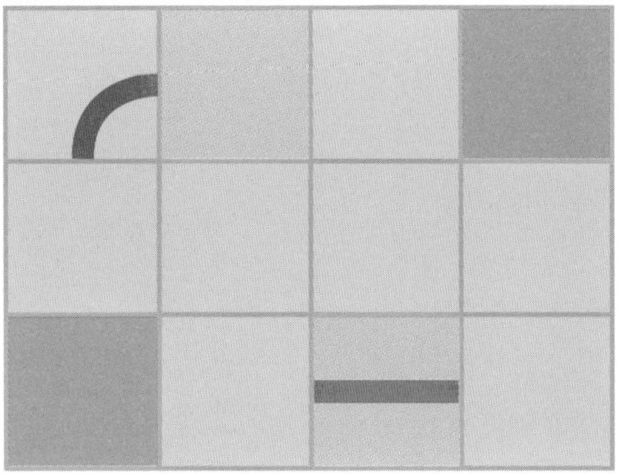

3

4

STEP 2

길 만들기(2)

5

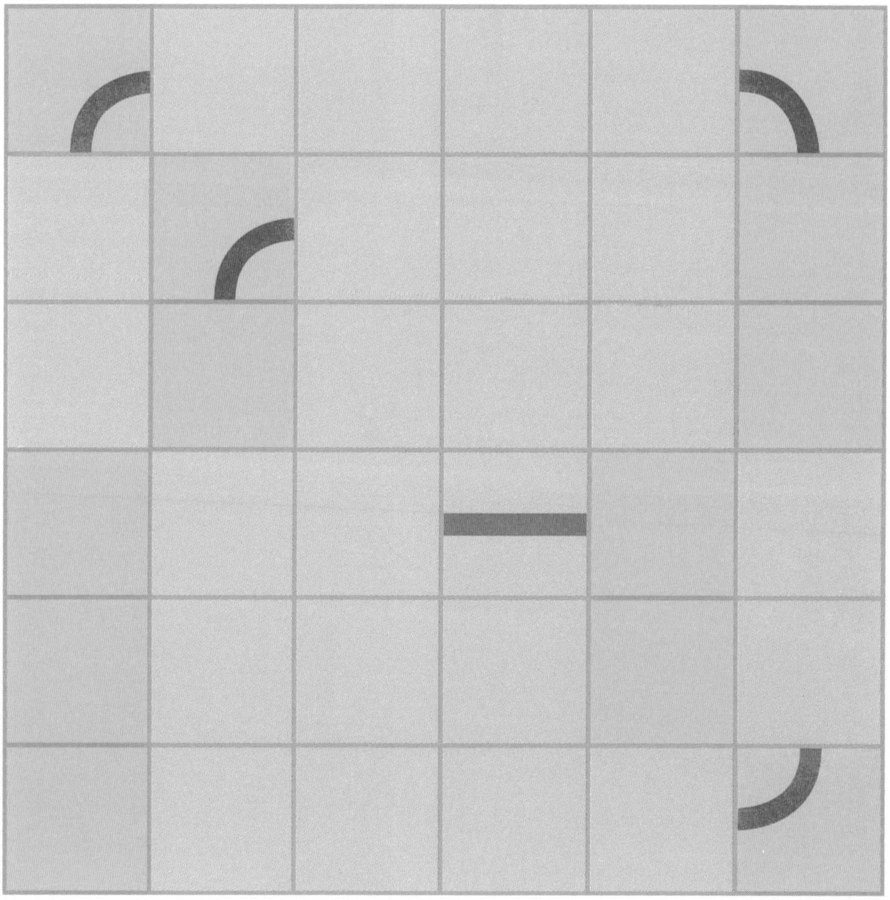

6

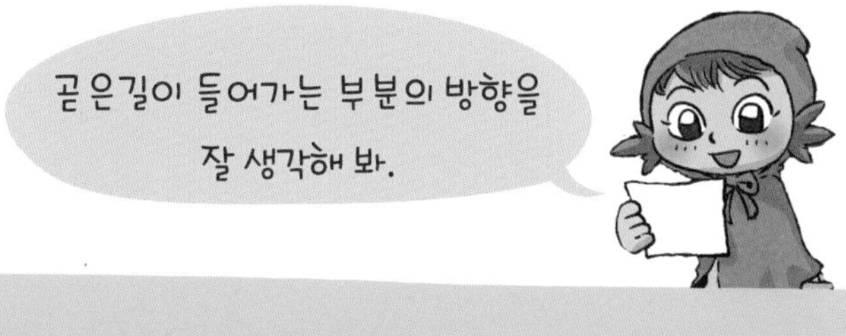

STEP 3 길 만들기(3)

1 규칙에 따라 길을 만들어 보세요.

1

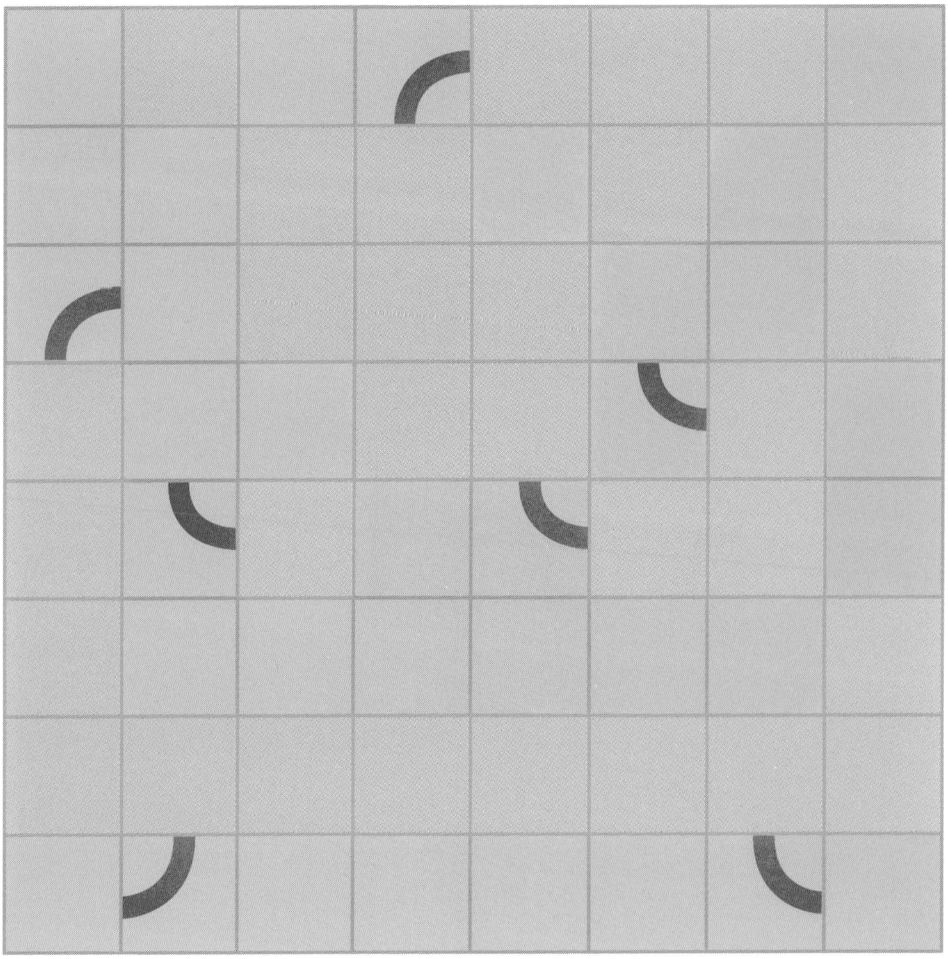

2

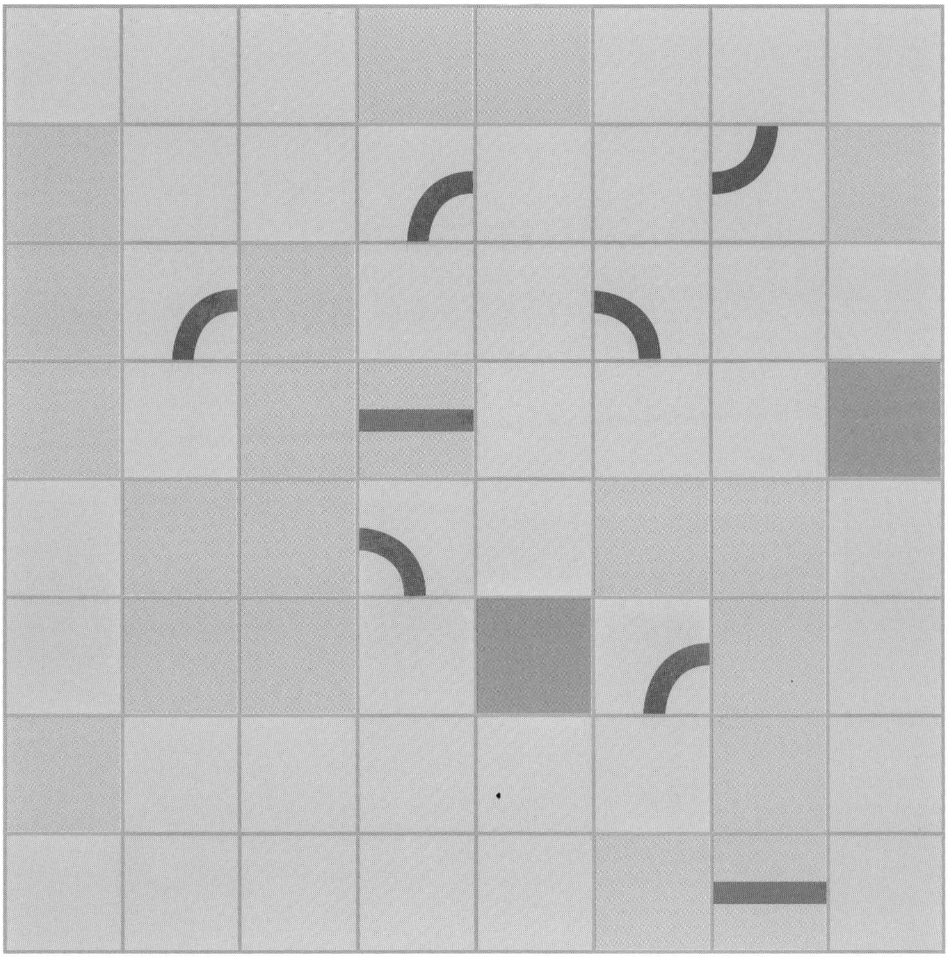

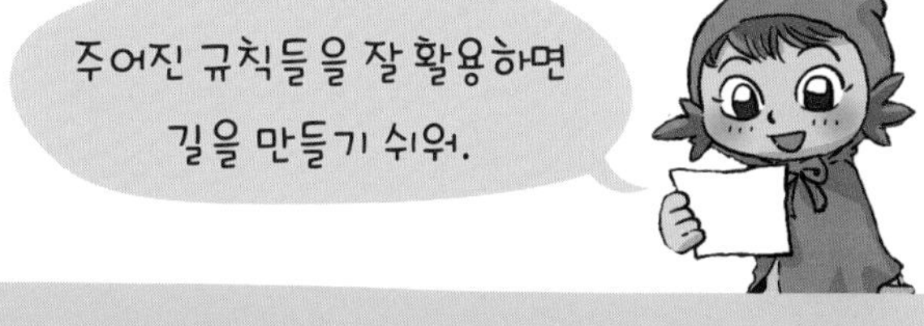

2 조각 배치 퍼즐

"윽! 물웅덩이가 나타났어."

빨간 망토가 건너기엔 몹시 깊은 물웅덩이가 길을 가로막고 있었어요.

"지도에는 이 길을 지나야 된다고 나와 있는데……!"

그때 갑자기 무언가가 빨간 망토 옆을 스쳤어요.

"앗, 깜짝이야."

커다란 곰이 빨간 망토 앞에 나타난 거예요. 빨간 망토는 너무 무서워서 눈가에 눈물이 고일 정도였지요.

"두려워하지 마. 나는 너를 해치지 않아. 오히려 너를 도와줄 수 있지."

곰이 빨간 망토에게 말했어요.

"네가 나를 돕는다고? 어떻게?"

"나는 힘이 아주 세지. 힘 쓰는 일은 모두 내게 맡겨."

빨간 망토가 고민할 때였어요.

"빨간 망토야, 이것 좀 봐!"

다람쥐가 가리킨 곳에는 쪽지가 하나 놓여 있었어요. 빨간 망토는 얼른 쪽지를 집어 들었어요.

3개의 나무판으로 물을 건널 수 있는 다리를 만들어라.

쪽지가 있던 곳 옆에는 이상한 그림도 그려져 있었어요.

"땅에 그림이 그려져 있어. 그 위에 나무판도 2개나 놓여져 있는데?"

"그럼 하나의 나무판만 놓으면 되겠네. 그런데 어떻게 놓아야 하지?"

빨간 망토와 동물들은 한참 동안 고민했어요.

"이 쪽지에 쓰인 가로와 세로의 숫자가 나무판의 개수를 의미하는 것은 아닐까?"

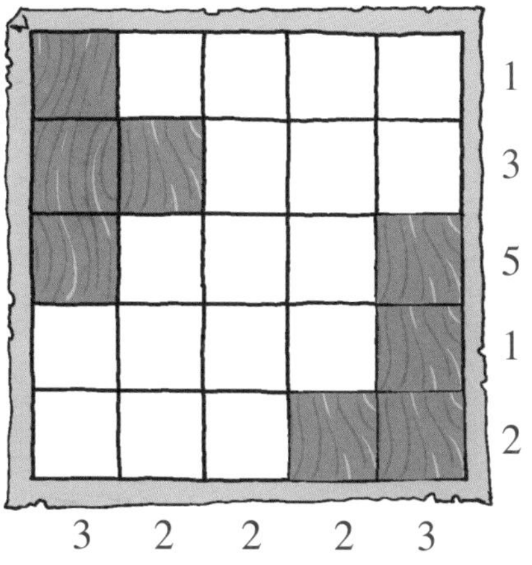

"만약 그게 맞다면 가로줄에 5가 있으니 5칸에 모두 나무판이 놓여야겠네."
다람쥐가 손뼉을 쳤어요.

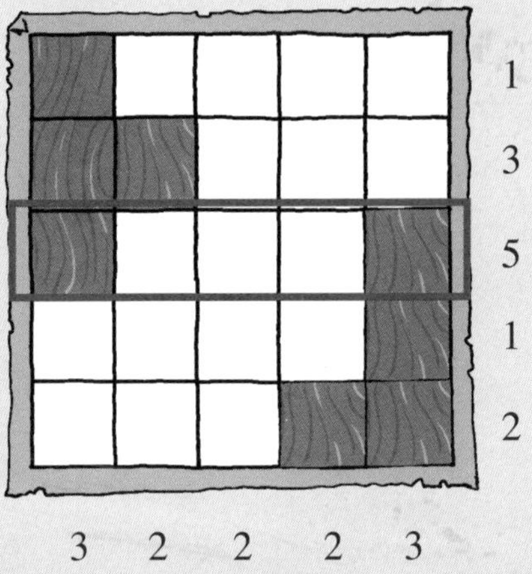

"내가 나무 조각을 옮겨 볼게!"
으라차차, 곰이 힘을 써서 나무판을 옮겼어요.
"아, 여기 1이 쓰여 있는 첫 가로줄은 이미 한 칸에 나무판이 놓여 있다는 뜻이 아닐까? 그럼 거기에는 더 이상 나무판을 놓지 않아도 돼."
그래서 곰은 3이라는 숫자가 쓰여 있는 첫 세로줄에 나무판을 놓으려 했지요.
"거긴 이미 세 칸에 나무판이 놓여 있으니까 나머지 2칸에는 나무판을 놓으면 안 돼."
빨간 망토가 소리쳤어요.
"여기 5가 있는 가로줄의 나머지 3칸에다가 나무 조각을 놓아야 하는 것 같아."
곰은 얼른 5라는 숫자가 쓰여 있는 가운데 가로줄의 나머지 칸에다가 나무판을 놓았어요.

그랬더니 3이 있는 가로줄에도 나무판이 하나 채워지면서 숫자와 나무판의 개수가 딱 들어맞게 되었어요.
나무판은 웅덩이를 건널 수 있는 다리가 되었지요.

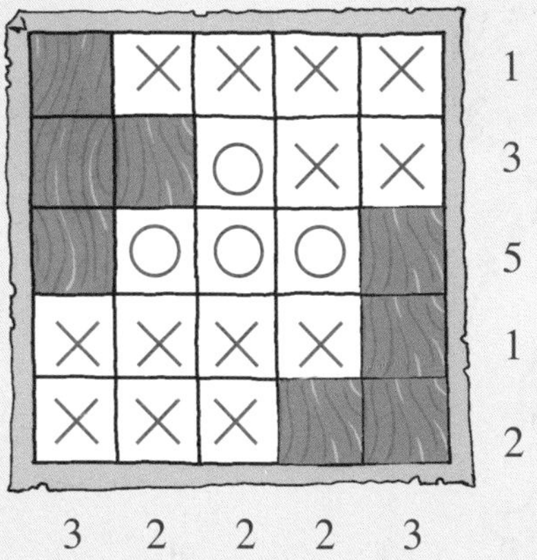

STEP 1

조각 배치(1)

1 가로와 세로에 있는 수는 조각 개수를 뜻해요. 남은 1개의 조각을 그려 보세요. (주어진 조각들은 돌리거나 뒤집을 수 있어요.)

1

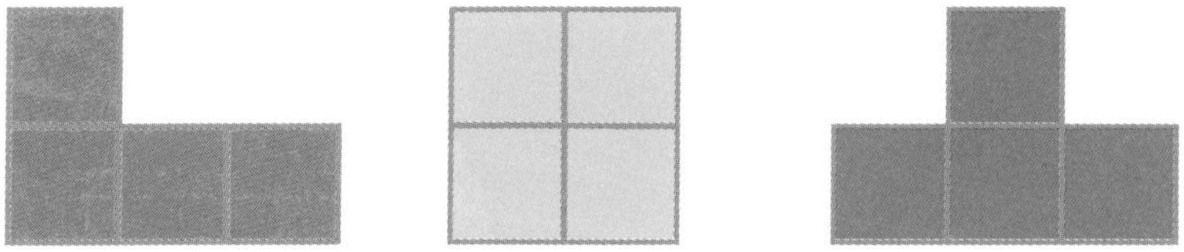

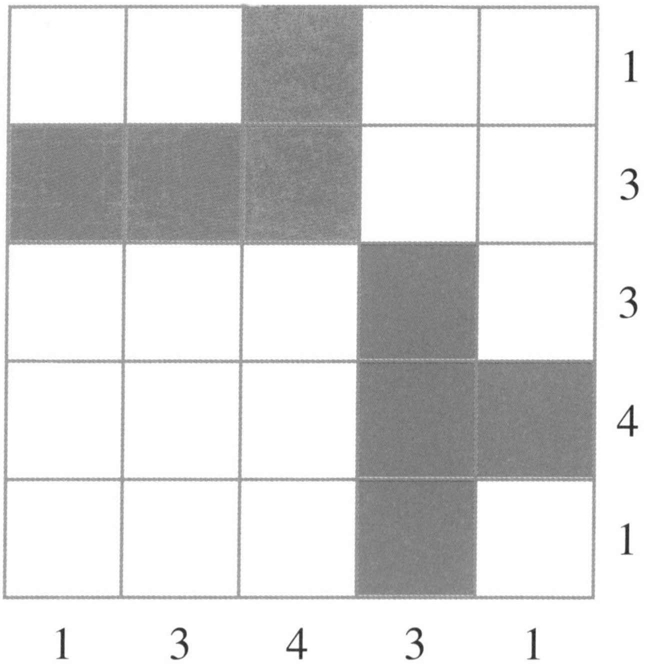

2

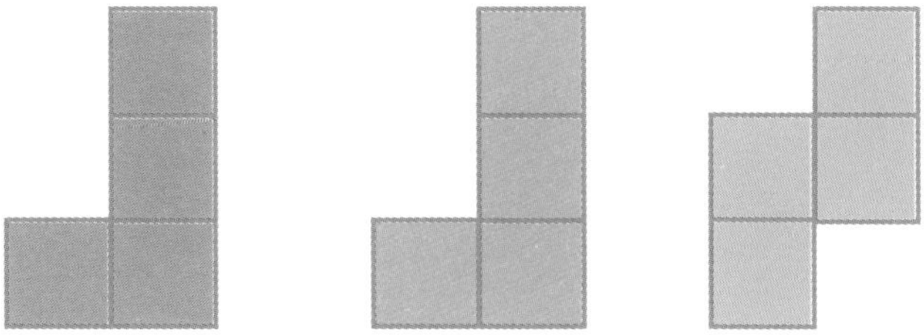

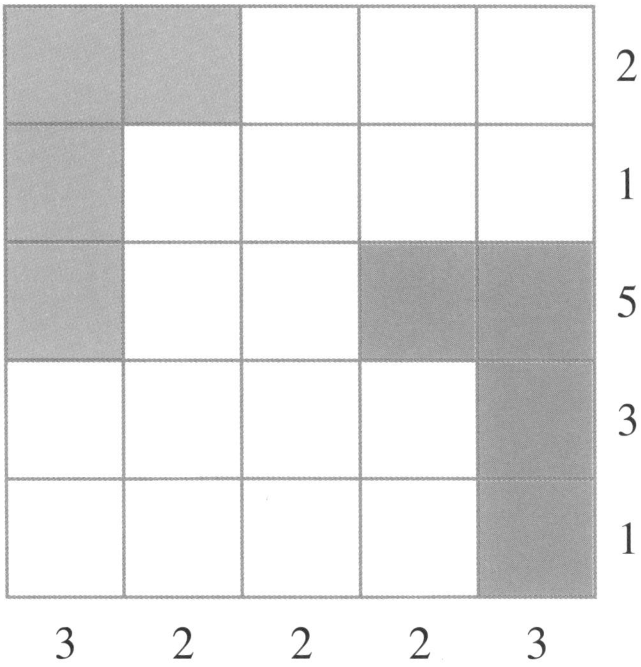

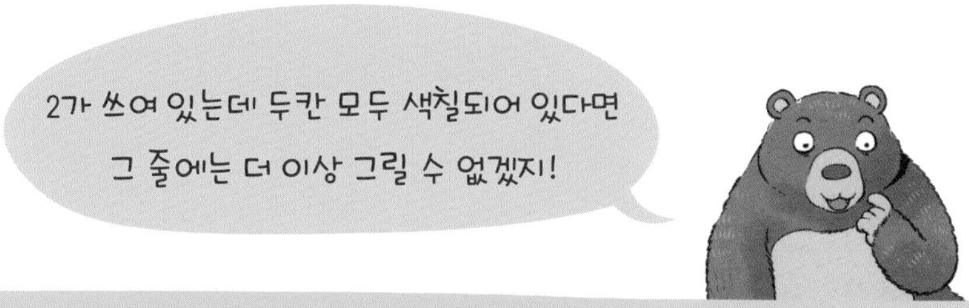

STEP 2

조각 배치(2)

1 가로와 세로에 있는 수는 조각 개수를 뜻해요. 남은 2개의 조각을 그려 보세요. (주어진 조각들은 돌리거나 뒤집을 수 있어요.)

1

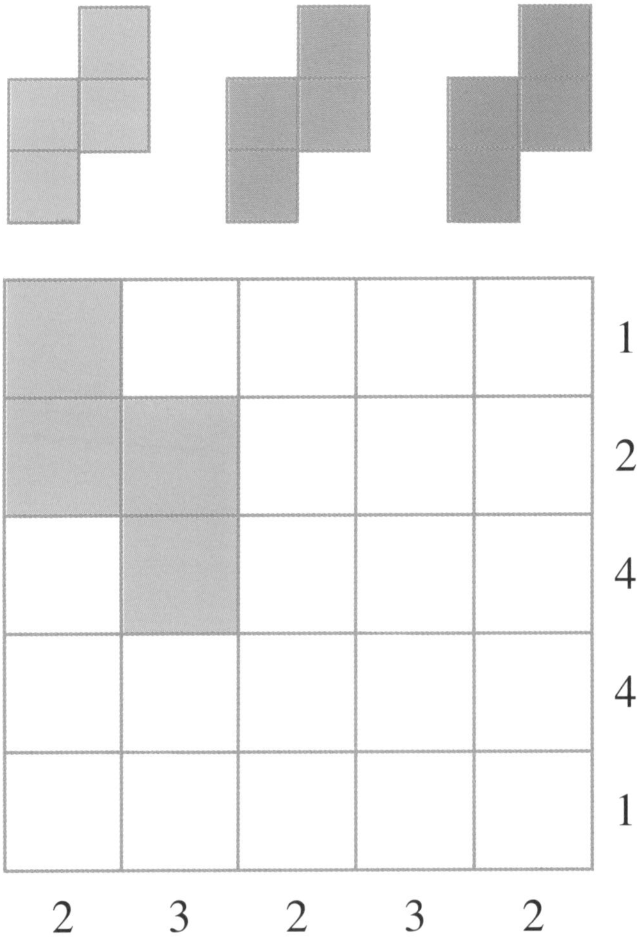

2

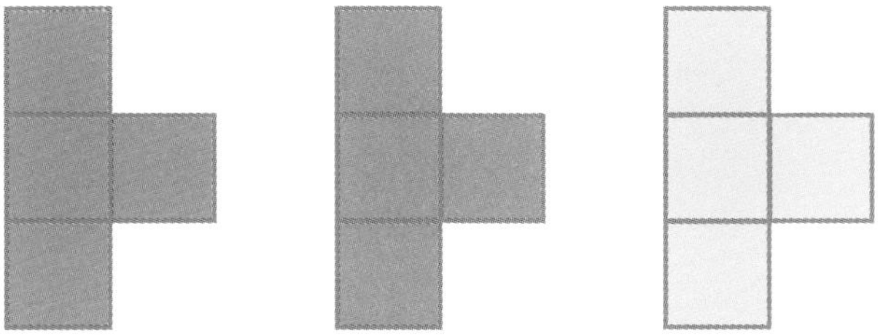

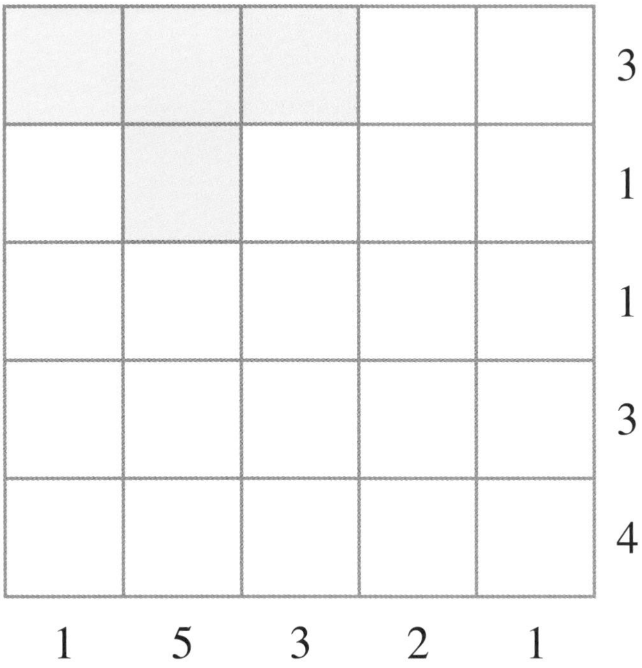

STEP 2

조각 배치(2)

3

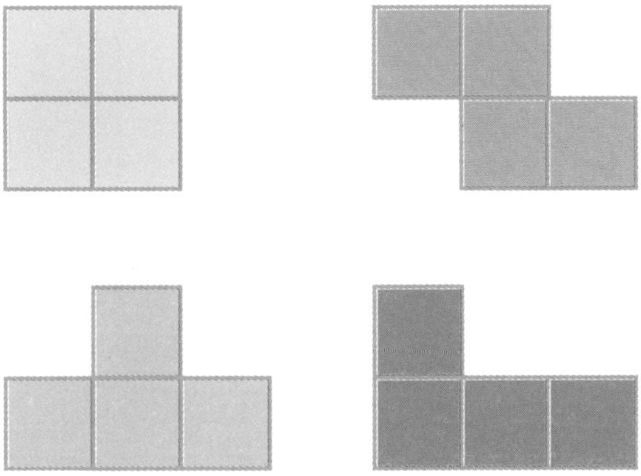

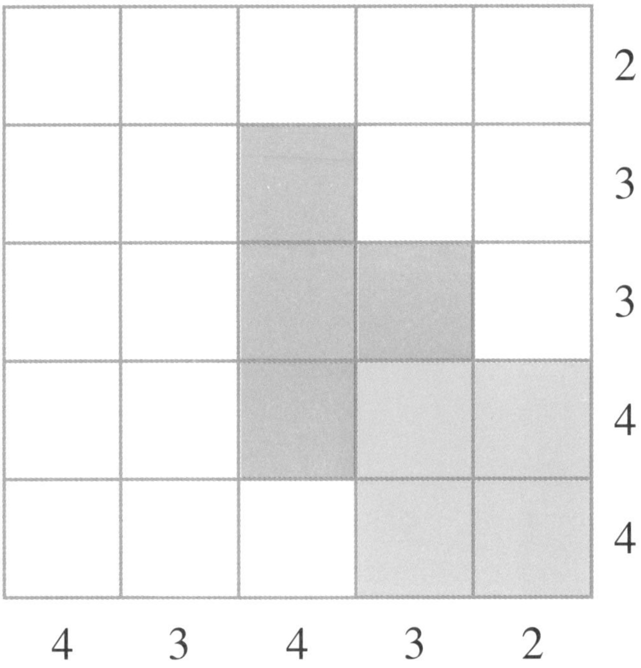

4

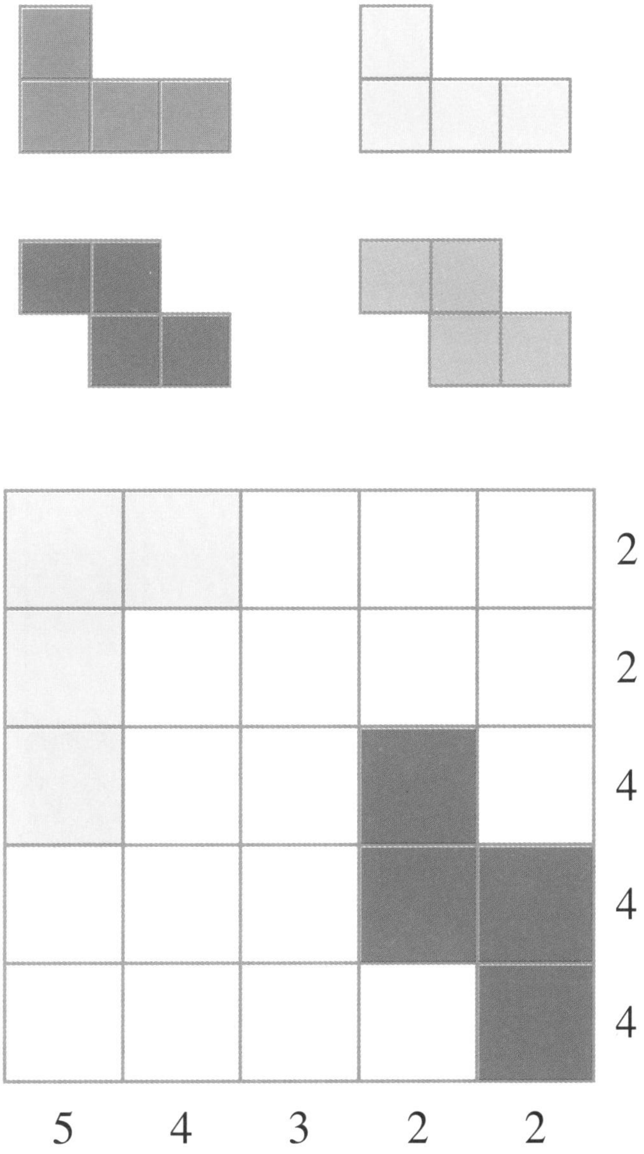

조각이 들어갈 수 있는 자리에는 O표, 들어갈 수 없는 자리에는 X표로 표시하면서 확인해 봐!

STEP 3

조각 배치 (3)

1 가로와 세로에 있는 수는 조각 개수를 뜻해요. 남은 조각 1개를 그려 보세요. (주어진 조각들은 돌리거나 뒤집을 수 있어요.)

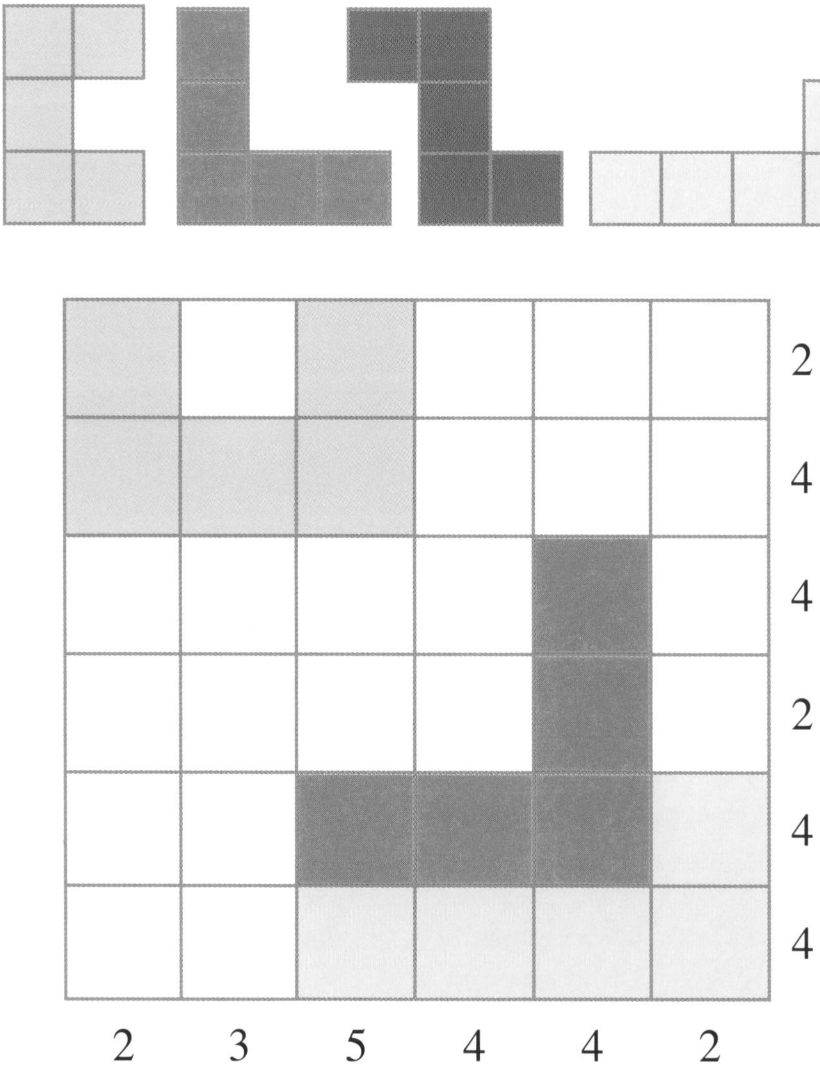

2 남은 조각 2개를 그려 보세요.

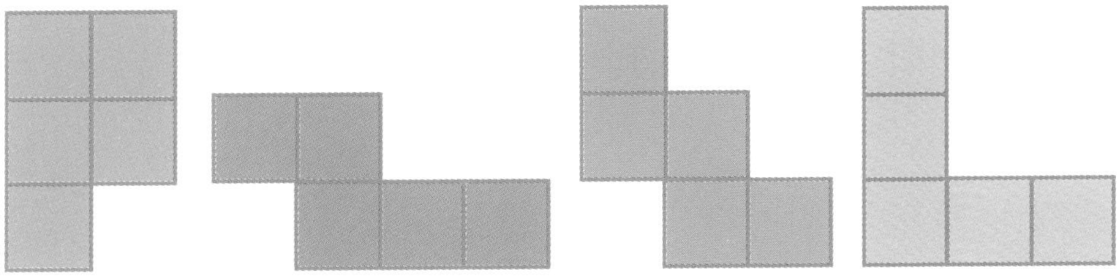

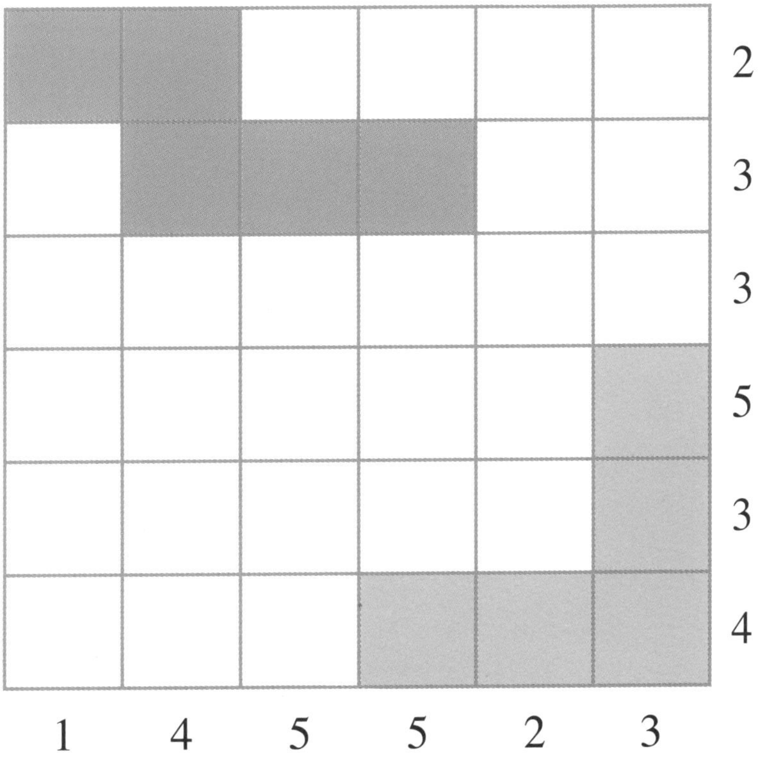

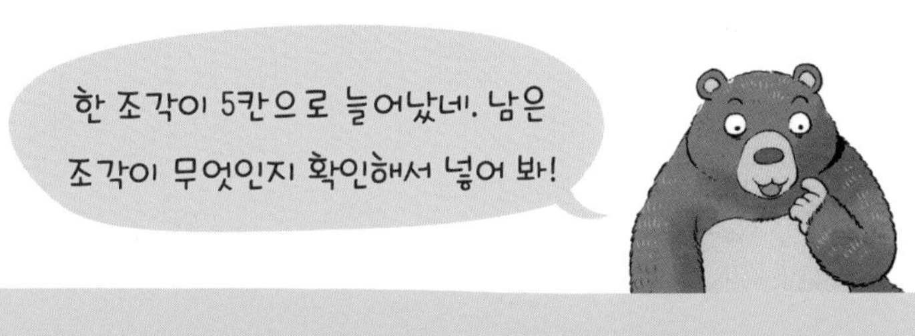

3 달력 퍼즐

웅덩이를 지나자 나지막한 언덕이 나타났어요.
빨간 망토와 다람쥐와 곰은 끙끙거리며 언덕을 올라갔어요.
그런데 언덕 위에 늑대 한 마리가 서 있지 뭐예요.
"어? 늑대다!"
빨간 망토가 소리치자 늑대가 힐끗 뒤를 돌아보았어요.
빨간 망토와 동물들은 날카로운 이빨, 무시무시한 표정의
늑대를 보자 덜컥 겁이 났어요.
"저 목도리는 우리 할머니 건데!"
빨간 망토는 소리쳤어요.

'설마 무서운 늑대가 할머니를 잡아
먹은 건 아니겠지?'

빨간 망토는 몹시 걱정이 됐어요.
그 사이 늑대가 다시 숲 속으로 사라져 버렸어요.
빨간 망토와 동물들이 두리번거릴 때였어요.
바닥에는 쪽지 한 장이 떨어져 있었지요.
"이것 좀 봐, 아까 그 늑대가 이 쪽지를 두고 간 것 같아."
"뭐지?"
쪽지는 달력을 접어놓은 것 같았는데
빛이 바랜 달력은 숫자가 군데군데
적혀 있었어요.

"달력인가?"
"우선 빈칸에 숫자를 채워 보자."
빨간 망토와 동물들은 빈칸에 숫자를 쓰기 시작했어요.
"먼저 7 앞에는 1 작은 수인 6이, 그 앞에는 다시 1 작은 수인 5가 있었겠지?"

"그럼 19와 21 사이에는 20이 들어가겠다!"
"음…… 이 숫자들은 어떤 규칙이 있는 것 같지 않아?"
곰이 고개를 갸우뚱거렸지요.
그 말에 빨간 망토는 무릎을 탁 쳤어요.
"알겠다, 일주일은 일요일, 월요일, 화요일, 수요일, 목요일, 금요일, 토요일 이렇게 7일이 있으니까 달력의 수들도 5, 12, 19 이렇게 7씩 커지는 거야."
"7일이 수요일이면 14일도 수요일, 그리고 13일은 화요일이네."

5
6
7
12
13
14
19
20
21

STEP 1 달력 퍼즐(1)

1 다음은 12월 달력이에요. 빈칸에 알맞은 수를 써넣어 달력을 완성해 보세요.

일	월	화	수	목	금	토
		1			4	5
6		8	9			
	14		16		18	19
20	21			24		26
		29		31		

2 다음은 달력의 일부분이에요. 빈칸에 알맞은 수를 써넣어 보세요.

1

7		9
		16
21		

2

10	11	
	18	
24		

3

1	2	3
15		

4

3		5
	11	

STEP 2

달력 퍼즐(2)

1 달력의 빈칸에 알맞은 수를 써넣어 보세요.

1

11	12	13
	19	

2

9		
	17	

3

	2	
8		

4

		16
21		

5

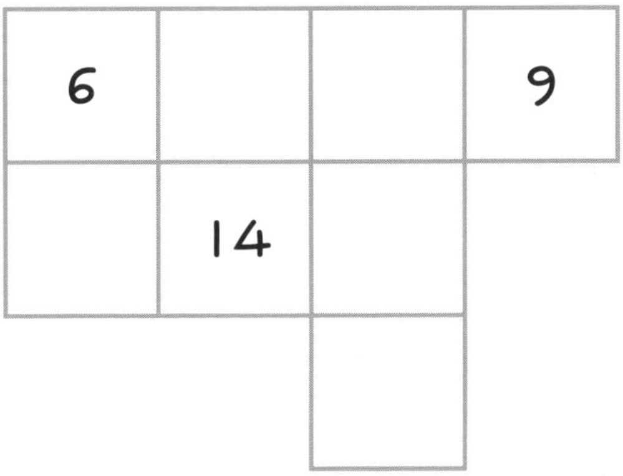

6

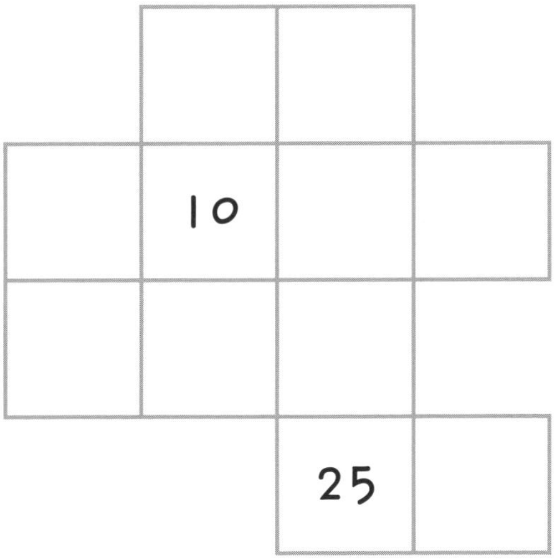

STEP 3

달력 퍼즐(3)

1 몇 개의 달력 조각들을 보고 달력을 완성해 보세요.

1

4	5	6
11	12	13
		20

	9	10
15	16	17
22	23	24

12	13		
19	20	21	22
26			

5	6
12	13
	20

일	월	화	수	목	금	토

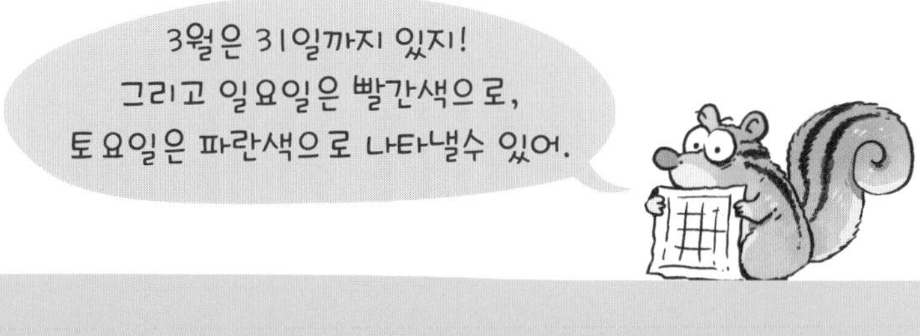

STEP 3

달력 퍼즐(3)

2

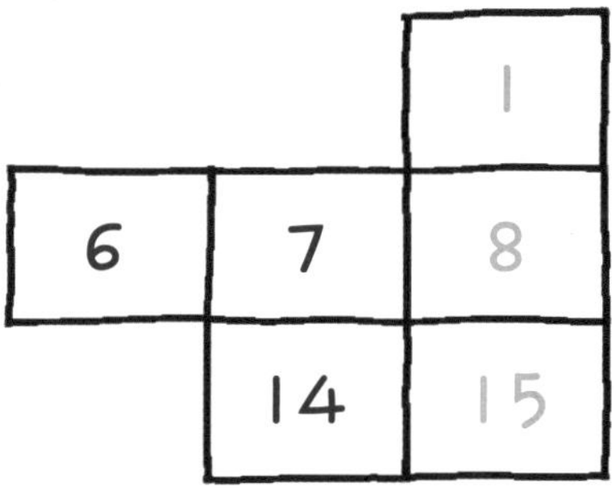

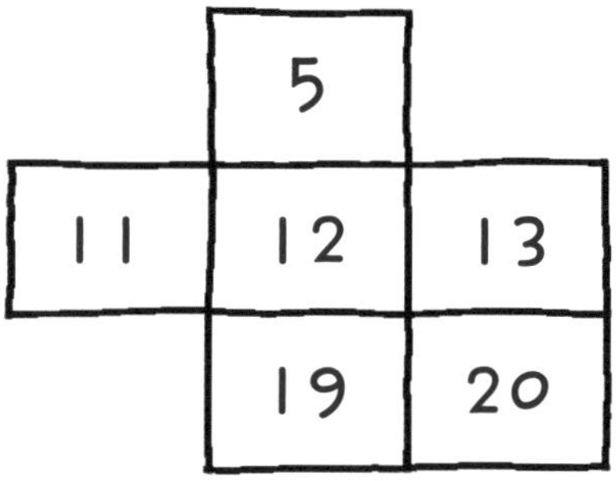

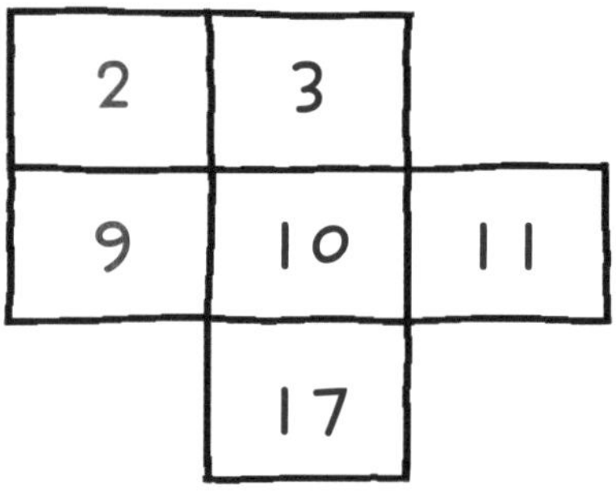

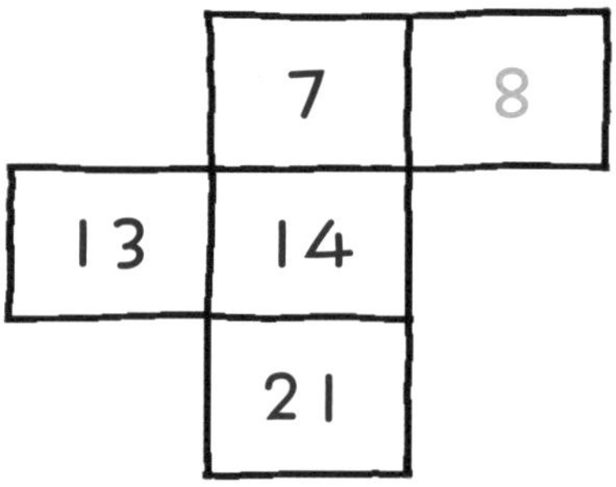

일	월	화	수	목	금	토

4 도형 퍼즐

어느덧 해가 뉘엿뉘엿 지기 시작했어요.

"힐머니는 어디 계신 걸까? 괜찮으시겠지?"

빨간 망토는 할머니를 생각하며 눈물을 글썽였어요. 다람쥐와 곰이 빨간 망토의 어깨를 토닥토닥 두드렸지요.

바로 그때, 저 멀리 늑대의 모습이 보였어요.

"아까 그 늑대다!"

빨간 망토와 동물들은 늑대가 무서웠지만 할머니를 찾기 위해 용기를 내 뒤를 쫓아갔어요.

그런데 늑대는 빨간 망토를 보자마자 술래잡기라도 하듯 다시 사라져 버렸지 뭐예요.

빨간 망토와 동물은 주위를 두리번거렸어요.

어느새 빨간 망토는 낯선 숲에 들어와 있었어요.

늑대를 쫓다가 길을 잃고 만 거예요.

"어떡하지?"

"빨간 망토야, 이것 좀 봐!"

곰이 커다란 동굴을 발견했어요.

동굴 앞은 두꺼운 문으로 가로막혀 있었는데, 그 사이에
늑대의 털이 끼어 있지 뭐예요.
빨간 망토와 다람쥐와 곰은 동굴 문을 힘껏 열어 보았어요.
하지만 문은 꿈쩍도 하지 않았지요.

시간이 지나도 늑대는 문을 열고 나오지 않았어요.
"춥다."
"무서워."
동물들이 울먹거렸어요. 그때 빨간 망토가 열쇠 하나를 발견했어요.
"이것 좀 봐."
"모양 열쇠잖아?"
곰이 열쇠를 낚아챘어요. 아뿔싸, 힘을 너무 세게 주었던 걸까요. 열쇠가 와장창 산산조각 나고 말았지 뭐예요.
"어떡해!"
"일단 열쇠 모양을 원래대로 맞춰 보자."
"윽, 이럴 줄 알았으면 열쇠 모양을 좀 잘 살펴볼걸!"
곰이 미안한 듯 머리를 긁적였어요.
"괜찮아, 조각을 잘 이어 보면 원래 모양대로 될 거야."
빨간 망토는 흩어진 조각을 이어 붙이기 시작했어요.

STEP 1 하트 퍼즐 탐구

1 깨진 열쇠 조각을 아래와 같이 분류해 보세요.

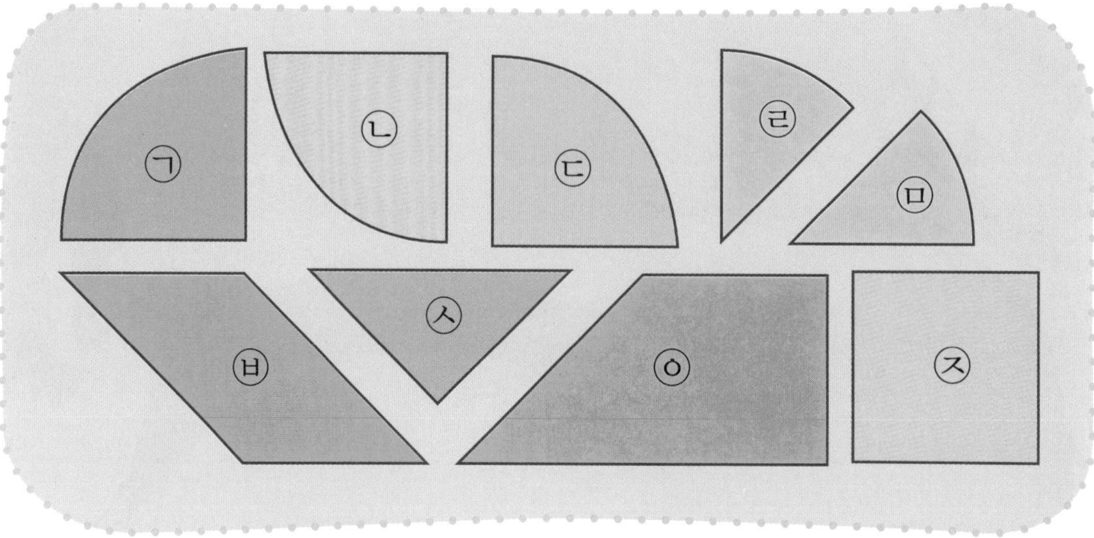

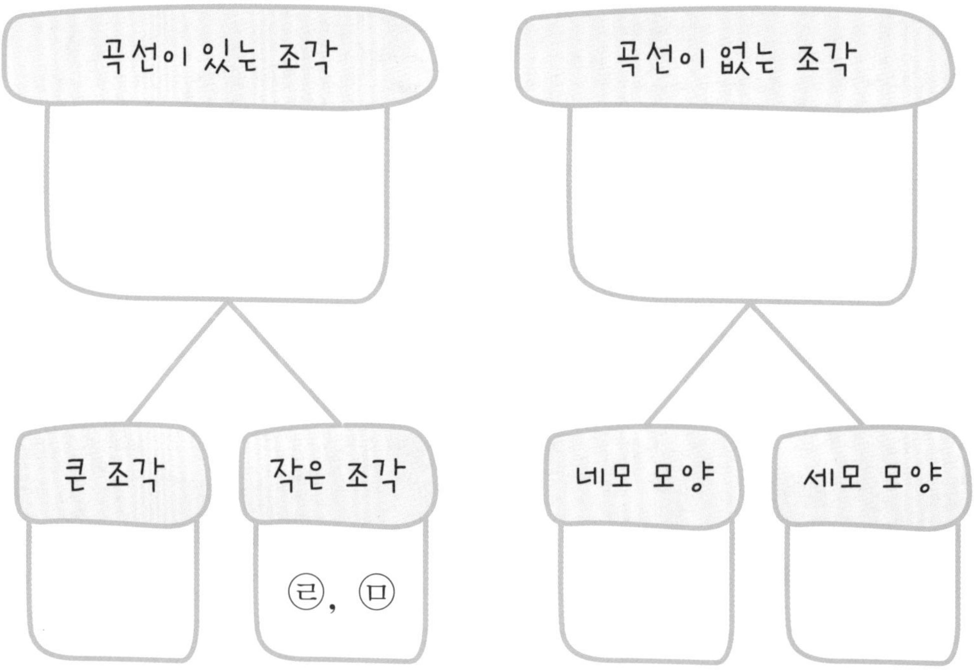

2 부록 의 도형 조각으로 동그라미 모양과 네모 모양을 만들어 보세요.

1

2

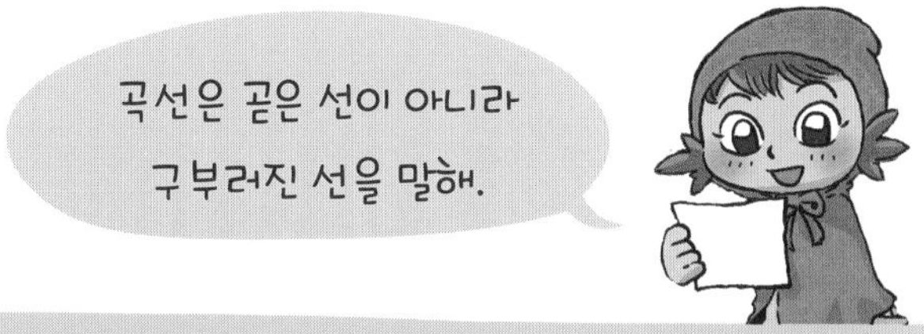

STEP 2

도형 퍼즐(1)

1 부록 의 도형 조각을 이용해서 다른 여러 가지 모양도 만들어 보세요.

1

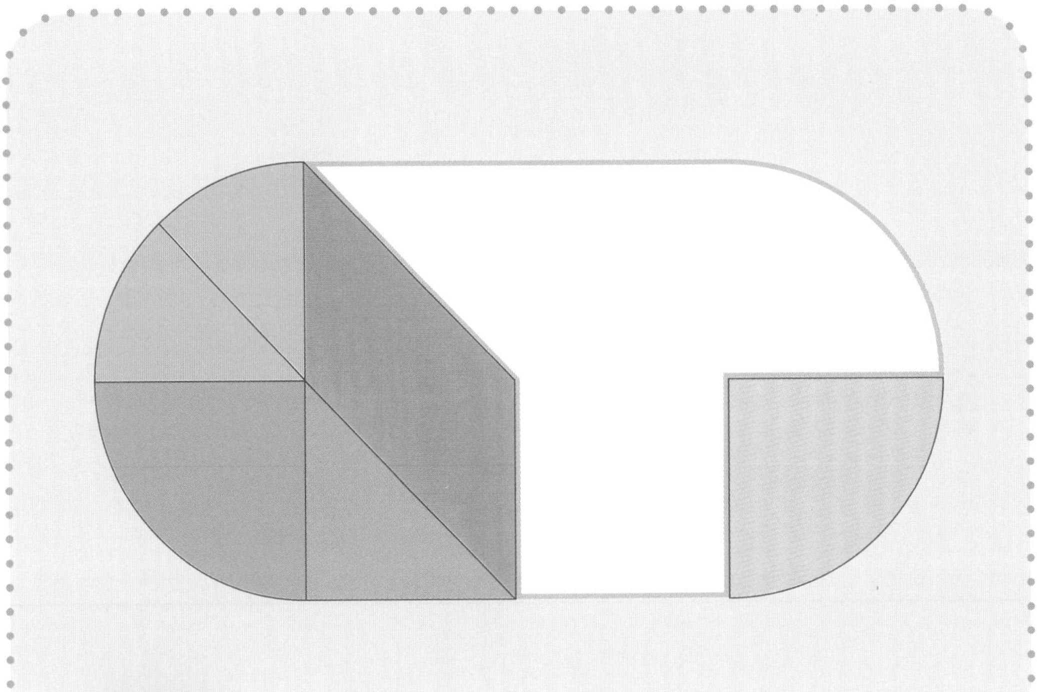

2

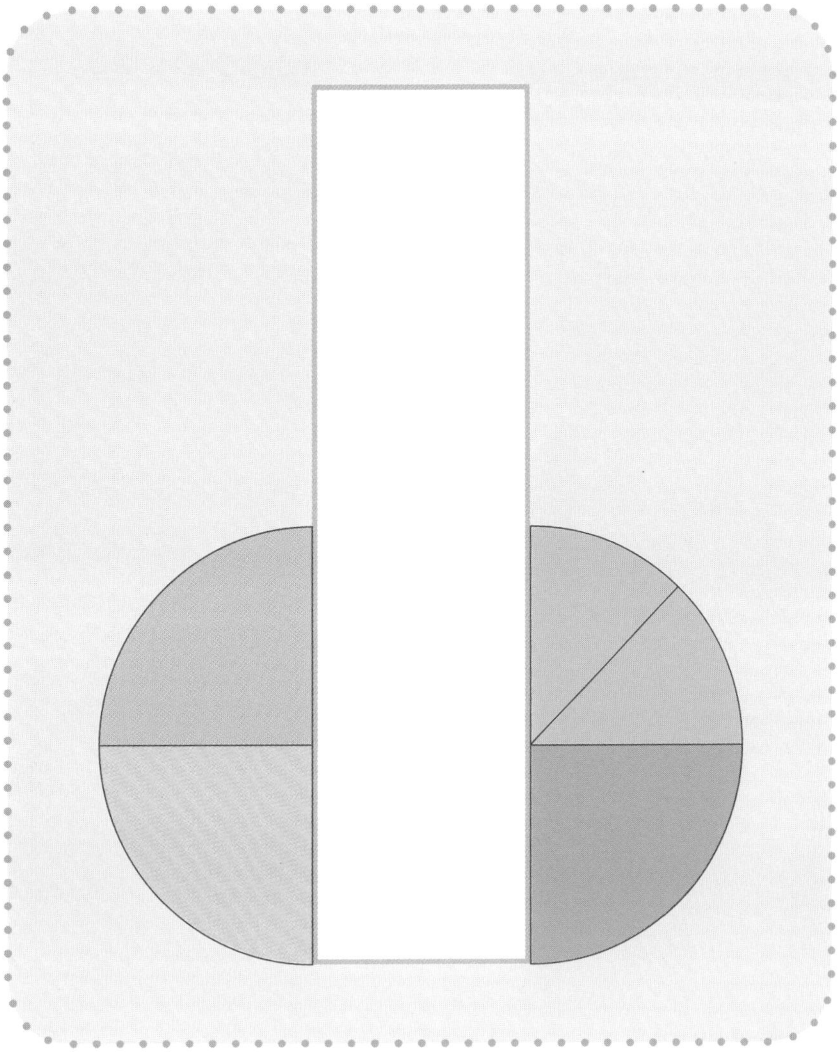

STEP 2

도형 퍼즐 (1)

3

4

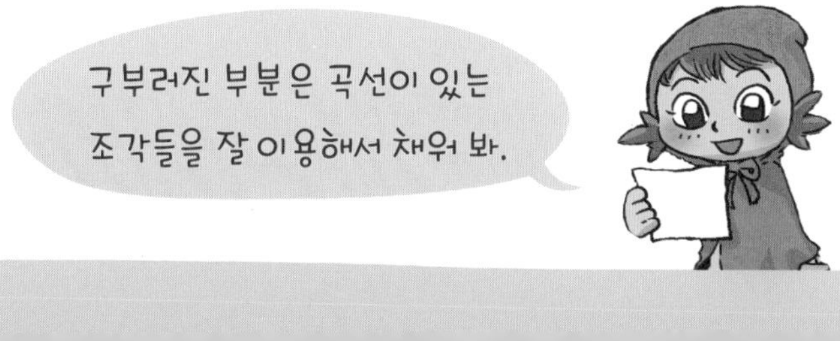

STEP 3

도형 퍼즐 (2)

1 빨간 망토는 바다에서 물고기와 갈매기를 봤어요. 부록 의 도형 조각을 이용해서 물고기와 갈매기를 만들어 보세요.

구부러진 부분은 곡선이 있는 조각으로,
구부러지지 않은 부분은 곧은 선이 있는 조각으로!

5 도미노 퍼즐

"열쇠가 완성됐다!"

빨간 망토와 동물들이 드디어 굳게 닫혔던 동굴 문을 열었어요.

그러자 여기저기 번쩍이는 금화가 놓여 있지 뭐예요.

금화들은 도미노 조각 속에 박혀 있었어요.

"우와, 이것 좀 봐."

빨간 망토의 눈이 휘둥그레졌어요.
다람쥐가 도미노 조각에 박힌 금화를 빼내려 했어요.
"안 돼!"
그때 누군가 외마디 비명을 내질렀어요.
빨간 망토와 동물들은 눈을 휘둥그레 떴지요.
비명을 지른 건 천장에 매달린 박쥐였어요.
"이곳을 찾은 이는 각자 10개의 금화를 가져갈 수 있어.
단, 도미노 조각은 2개만 가져가야 해."
박쥐가 말했어요.
"도미노 조각을 더 가져가면 어떻게 되는데?"
"욕심을 내면 영원히 동굴 속에 갇히고 말 거야."
박쥐는 뾰족한 앞니를 번뜩이며 말했어요.
빨간 망토와 동물들은 일단 도미노 조각 가운데 2개를
가지고 10을 만들어 보기로 했어요.

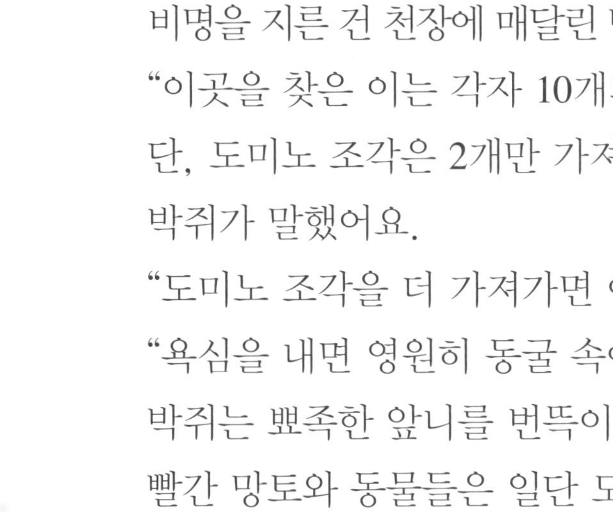

먼저 박혀 있는 금화의 개수에 따라 도미노 조각을 늘어 놓았어요.

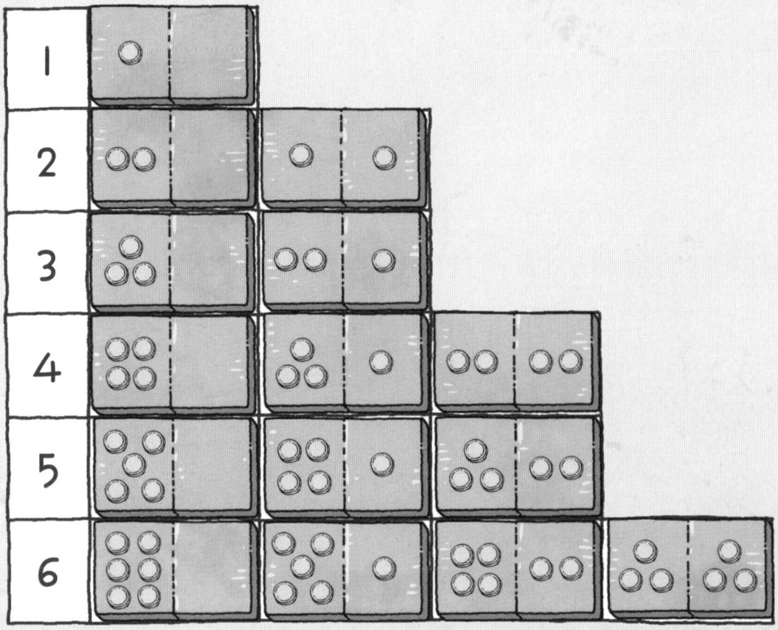

"이제 도미노 조각 하나를 선택해 보자."

빨간 망토는 금화 4개( )가 박힌 도미노 조각을 골랐어요.

"네가 고른 도미노 조각의 금화가 10개가 되려면 금화가 3개, 3개( ) 들어 있는 도미노 조각을 고르거나, 5개, 1개( ), 4개, 2개( ), 6개( )짜리 1개가 들어 있는 도미노 조각을 골라야 해."

박쥐가 말했지요.

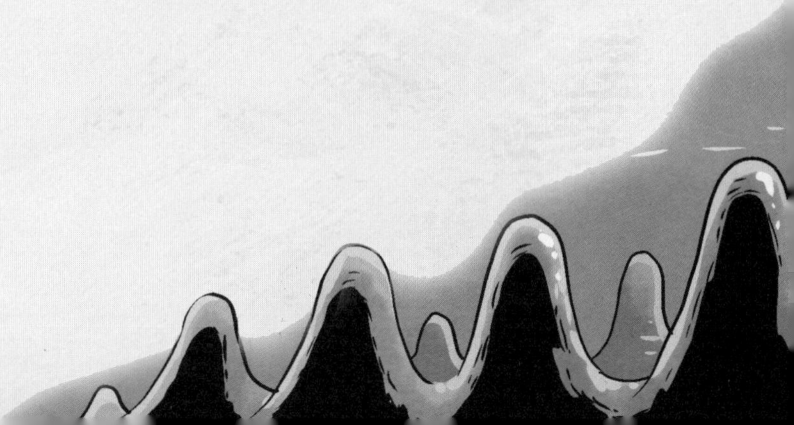

"그건 나도 알아!"

빨간 망토가 6개짜리 도미노 조각을 집어들자 박쥐는 날개를 푸득푸득거리더니 어디론가 사라졌어요.

STEP 1 도미노 퍼즐(1)

빨간 망토는 도미노 퍼즐이 재미있어 3개의 도미노로 금화의 개수가 10이 되도록 만들어 보기로 했어요.

1 다음과 같이 3개의 도미노가 있어요. 다음 물음에 답해 보세요.

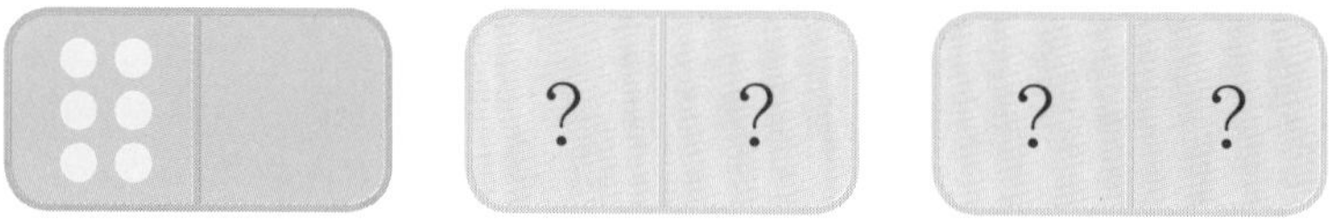

1 둘째 도미노가 다음과 같을 때 셋째 도미노에는 몇 개의 금화가 있어야 10이 될까요?

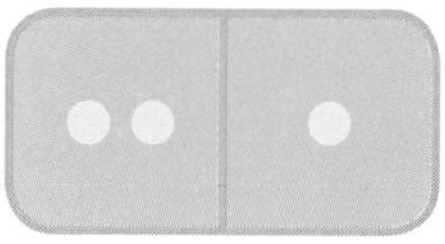

(　　　　　　)개

2 둘째 도미노가 다음과 같을 때 셋째 도미노에는 몇 개의 금화가 있어야 10이 될까요?

(　　　　　　)개

2 도미노 3개로 금화의 개수가 10이 되도록 만들려고 합니다. 다음 물음에 답해 보세요.

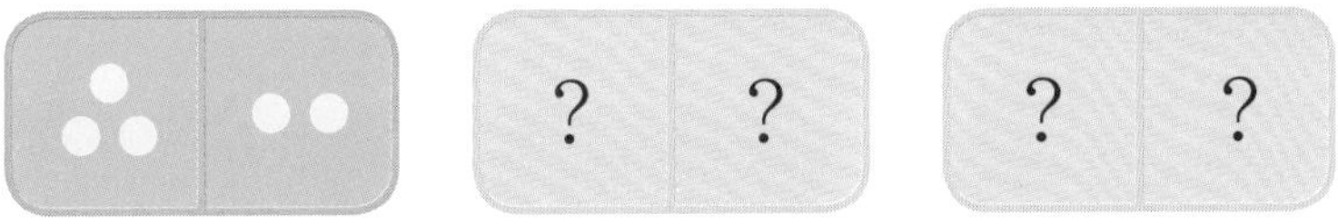

1 첫째 도미노에는 몇 개의 금화가 놓여 있습니까?

( )개

2 둘째 도미노에는 3개의 금화가 있습니다. 3개의 금화가 어떻게 있을지 2가지 방법으로 그려 보세요.

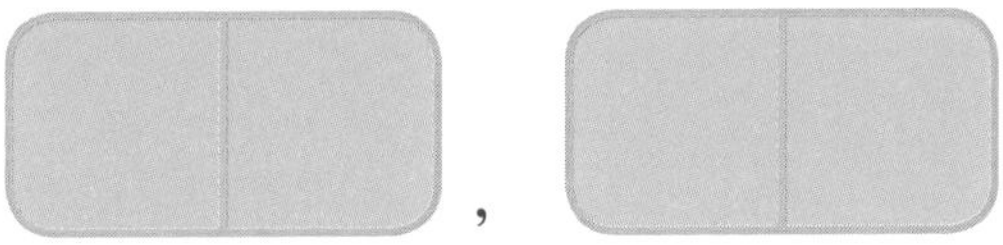

3 셋째 도미노에는 몇 개의 금화가 어떻게 있을지 2가지 방법으로 그려 보세요.

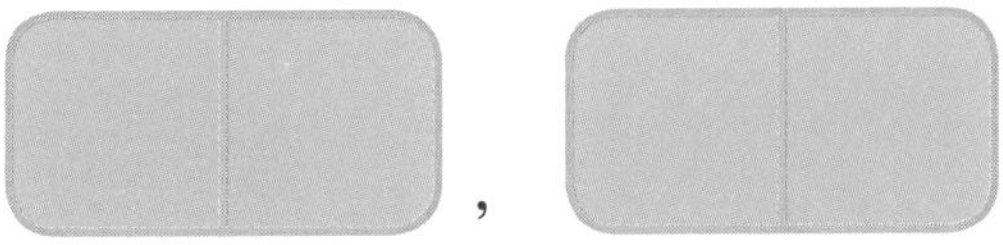

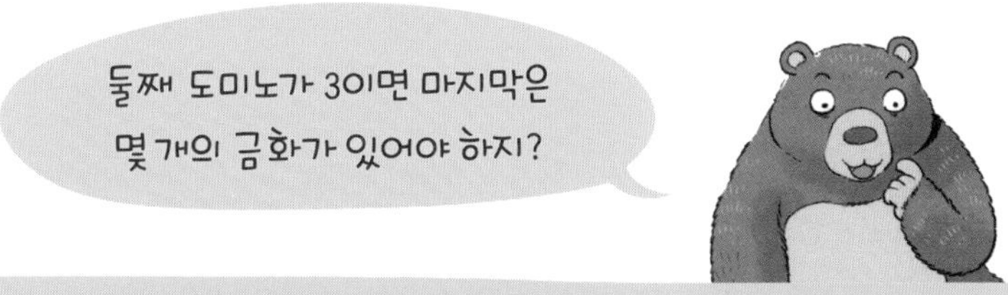

STEP 2 도미노 퍼즐(2)

1 한 개의 도미노는 1부터 6까지 나타낼 수 있습니다. 도미노 3개로 10을 만들려고 할 때 빈 도미노에 알맞은 점을 모두 그려 보세요.

1

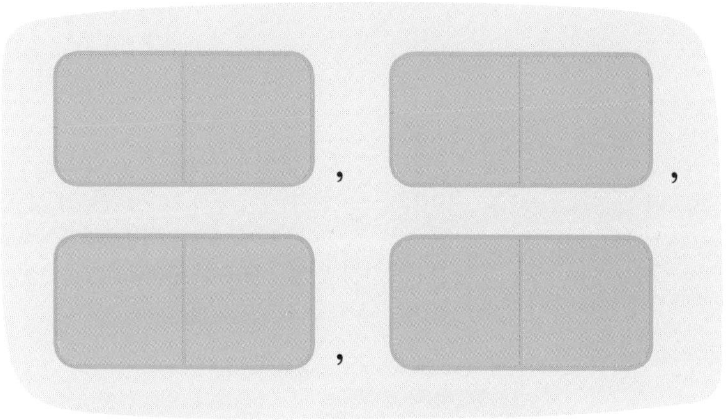

2

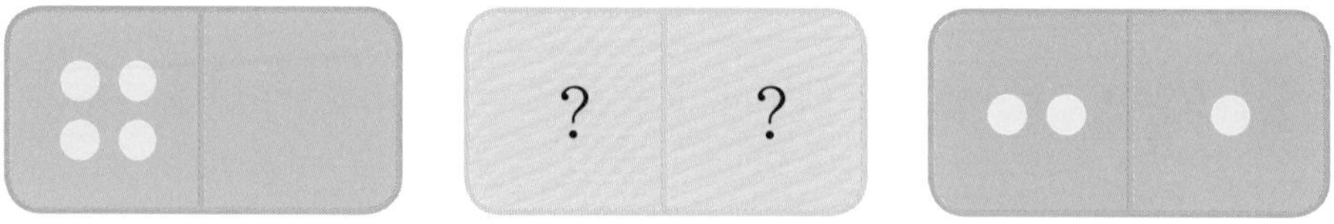

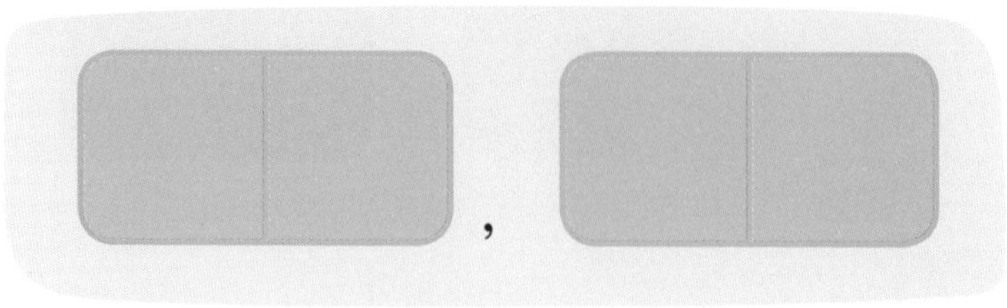

2 도미노 4개로 10을 만들려고 할 때 빈 도미노에 알맞은 점을 모두 그려 보세요.

1

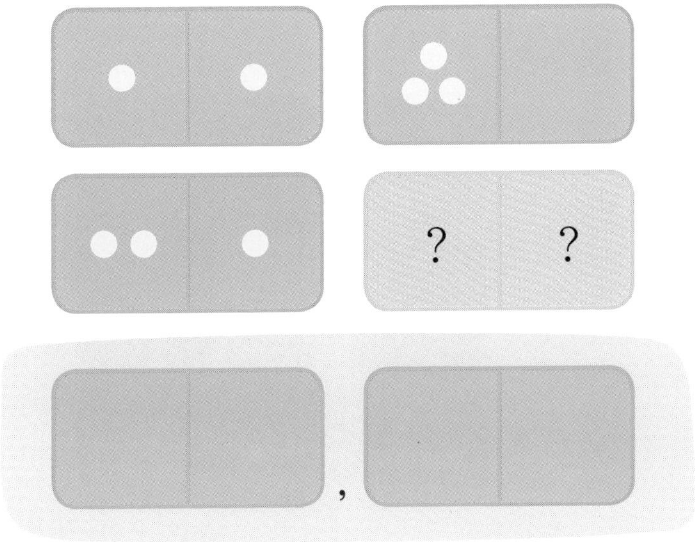

2

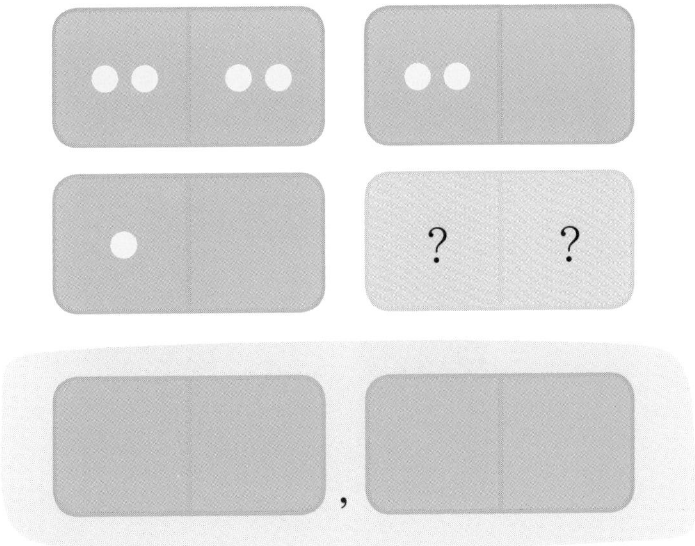

STEP 2

도미노 퍼즐(2)

3 도미노를 놓아서 각 줄에 있는 점의 개수의 합이 10이 되도록 빈 도미노에 점을 그려 보세요.

1

2

3

4

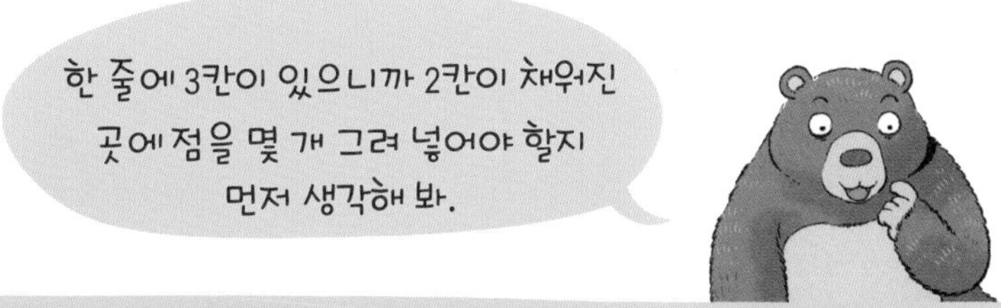

STEP 3 도미노 퍼즐(3)

1 도미노를 놓아서 각 줄에 있는 점의 개수의 합이 10이 되도록 빈 도미노에 점을 그려 보세요.

1

2

3

4

6 라틴 마방진

빨간 망토와 동물 친구들이 금화를 챙겨 넣자 바구니가 묵직해졌어요.

"이걸 할머니께 보여 드리면 무척 좋아하시겠지?"

빨간 망토가 웃으며 말했어요.

그때였어요.

방금 전까지만 하더라도 열려 있던 동굴 문이 '쾅' 하고 닫히지 뭐예요.

"문 좀 열어 주세요!"

하지만 두꺼운 철문은 꿈쩍도 하지 않았지요.

"이제 어떡하지?"

그때 어디선가 날개짓 소리가 나더니 사라졌던 박쥐가 되돌아왔어요.

"이봐, 너희들은 왜 울고 있는 거야?"

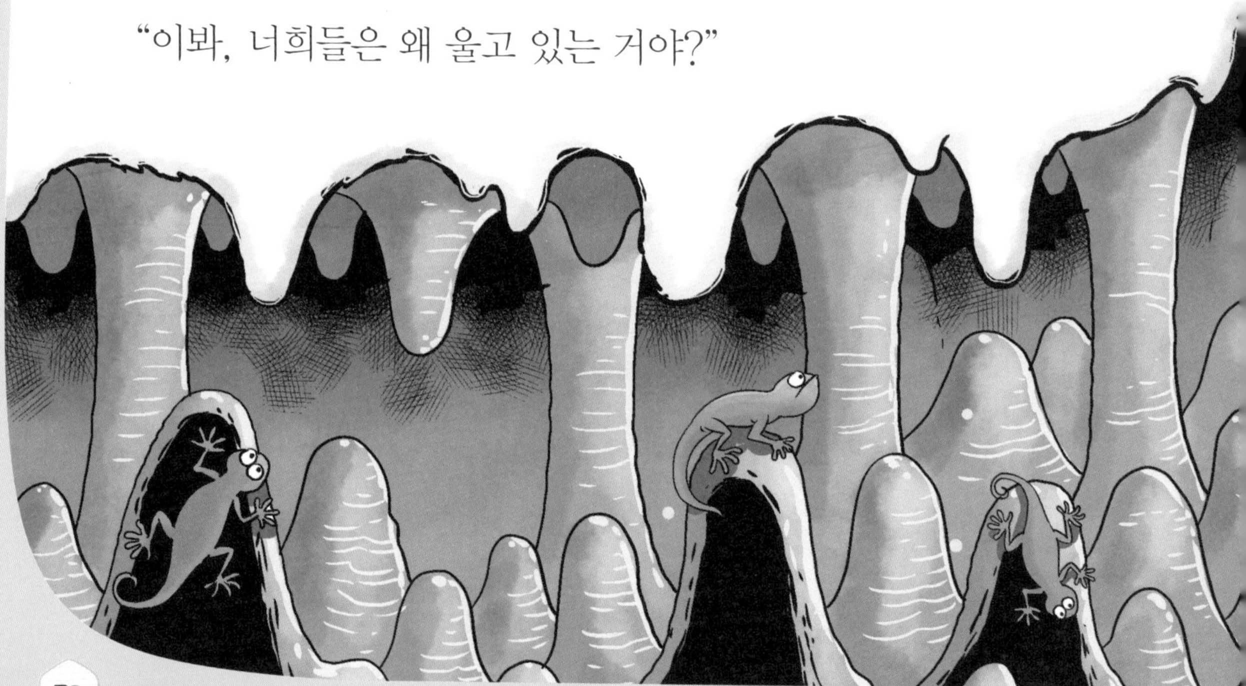

"문이 열리지 않아."

박쥐는 철문 옆에 놓인 이상한 단추 하나를 가리켰어요.

"그걸 눌러 봐."

빨간 망토가 단추를 꾹 눌렀더니 동굴 안이 환하게 밝아졌어요.

그리고 철문 위에 색깔 판이 나타났지 뭐예요.

"이 문에는 4개의 색깔이 있어. 빨강, 파랑, 노랑, 초록이 가로줄, 세로줄에 한 번씩만 들어가도록 한다면 너희는 여기를 빠져나갈 수 있을 거야."

박쥐가 말했어요.

"만약 틀리면?"
"맞출 때까지 평생 여기에 갇혀 있게 되겠지."
빨간 망토는 눈물을 훔치고 색깔 판을 보았어요.

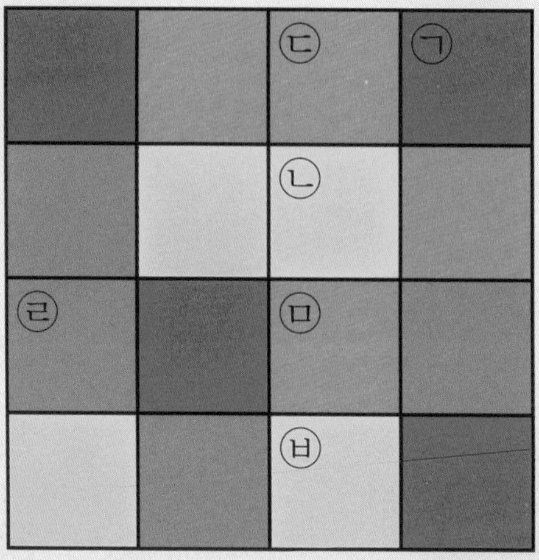

"박쥐야, 아까 빨강, 파랑, 노랑, 초록이 가로줄, 세로줄에 한 번씩만 들어가야 한다고 했지? 그럼 첫째 가로줄에 있는 2개의 빨강 중에서 ㉠과 둘째 줄의 노란색인 ㉡을 서로 맞바꾸면 되는 거야?"
박쥐는 대꾸 대신 고개를 획 틀었어요.
"그래, 그리고 초록색인 ㉢과 파란색인 ㉣을 바꾸어 주어야 해!"
다람쥐가 얼른 색깔 판을 움직였어요.

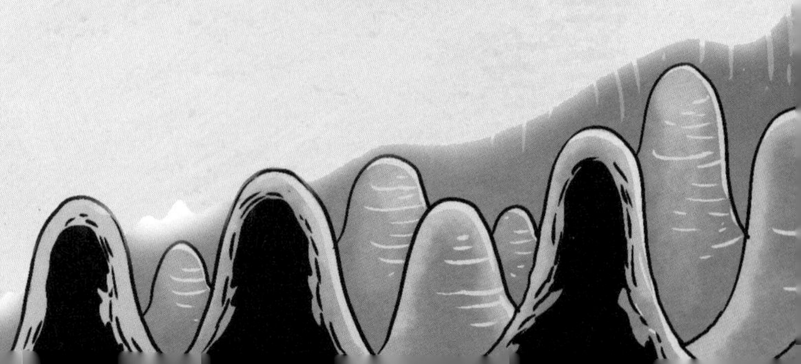

"또 ⓜ과 ⓑ을 바꾸어 주면 색깔들이 한 번씩만 들어가게 되겠지?"
빨간 망토의 말에 다람쥐가 얼른 색깔 판을 맞추었어요. 그러자
드르륵 소리와 함께 굳게 닫혔던 철문이 열렸어요.

STEP 1

색깔 판 맞추기

1 가로와 세로에 빨강, 파랑, 노랑 3가지 색깔이 한 가지씩만 있도록 색칠해 보세요.

1

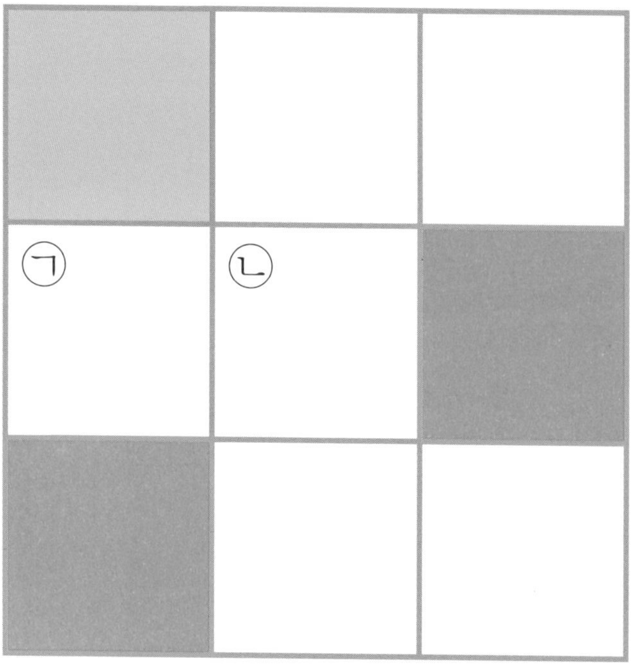

① ㉠에 알맞은 색을 칠해 보세요.

② ㉡에 알맞은 색을 칠해 보세요.

③ 색깔을 모두 칠해서 색깔 판을 완성해 보세요.

2

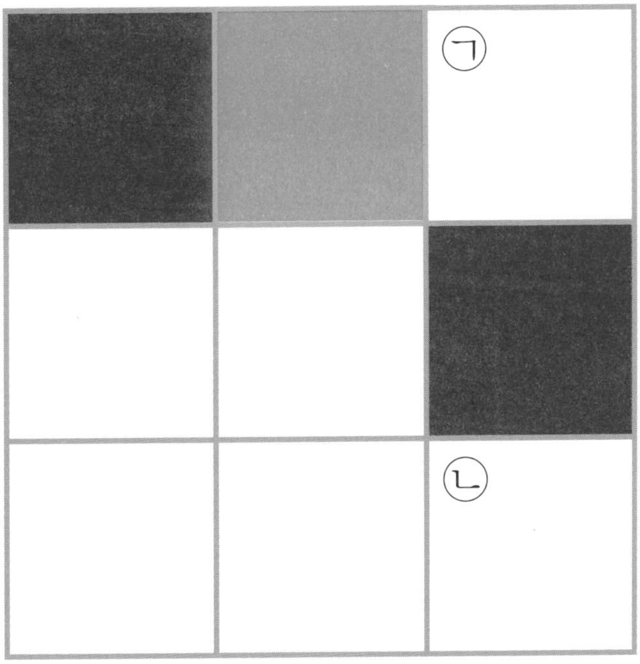

① ㉠에 알맞은 색을 칠해 보세요.

② ㉡에 알맞은 색을 칠해 보세요.

③ 색깔을 모두 칠해서 색깔 판을 완성해 보세요.

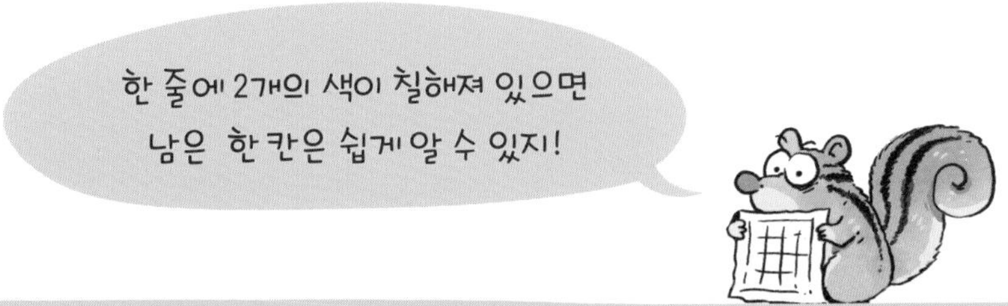

STEP 2 모양 판 맞추기(1)

1 가로와 세로에 ○, △, □ 3가지 모양이 한 개씩만 있도록 그려 보세요.

1

△	○	
		○
	□	

2

		○
○	□	
	○	

3

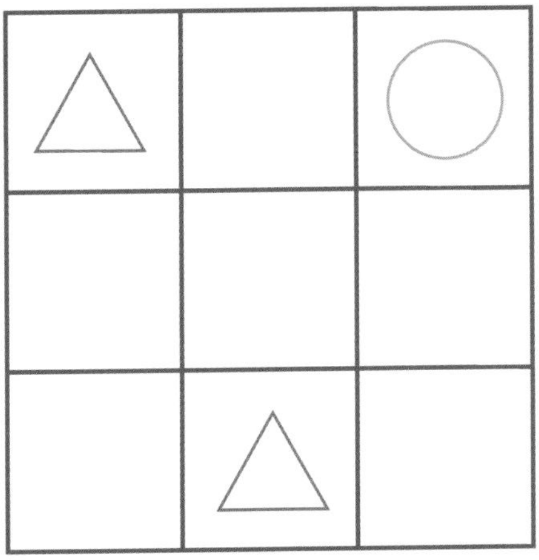

4

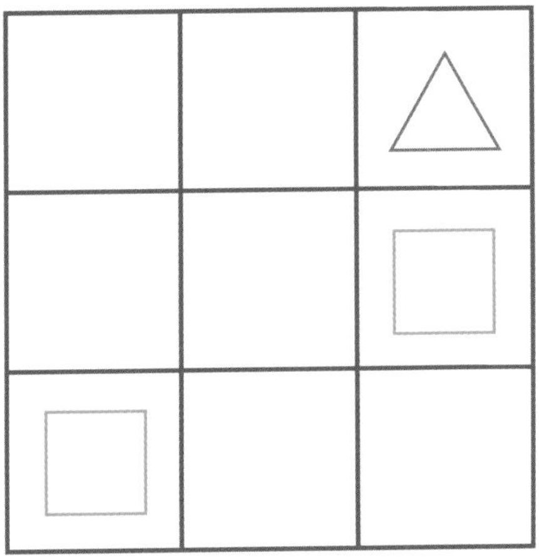

STEP 2

모양 판 맞추기(2)

1 가로와 세로에 ○, △, □, ♡ 4가지 모양이 한 개씩만 있도록 그려 보세요.

1

□			
	♡	△	
♡	□	○	
△			

2

○	□		△
	△		
			♡
	♡	○	

STEP 3 한 줄에 하나씩

1 가로와 세로에 마술 피리, 모자, 신발, 지팡이 4가지 물건이 한 개씩만 있도록 붙임 딱지를 붙여 보세요.

붙임 딱지를 붙여 보세요		붙임 딱지를 붙여 보세요	
붙임 딱지를 붙여 보세요	붙임 딱지를 붙여 보세요	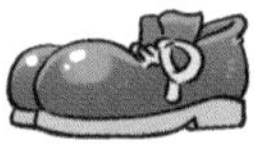	붙임 딱지를 붙여 보세요
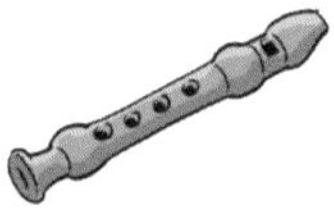	붙임 딱지를 붙여 보세요		붙임 딱지를 붙여 보세요
붙임 딱지를 붙여 보세요	붙임 딱지를 붙여 보세요	붙임 딱지를 붙여 보세요	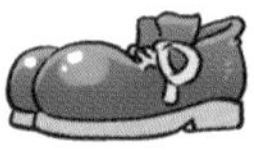

2 가로와 세로에 4가지 동물들이 한 마리씩만 있도록 붙임 딱지를 붙여 보세요.

	붙임 딱지를 붙여 보세요		붙임 딱지를 붙여 보세요
붙임 딱지를 붙여 보세요	붙임 딱지를 붙여 보세요	붙임 딱지를 붙여 보세요	
		붙임 딱지를 붙여 보세요	붙임 딱지를 붙여 보세요
붙임 딱지를 붙여 보세요	붙임 딱지를 붙여 보세요		붙임 딱지를 붙여 보세요

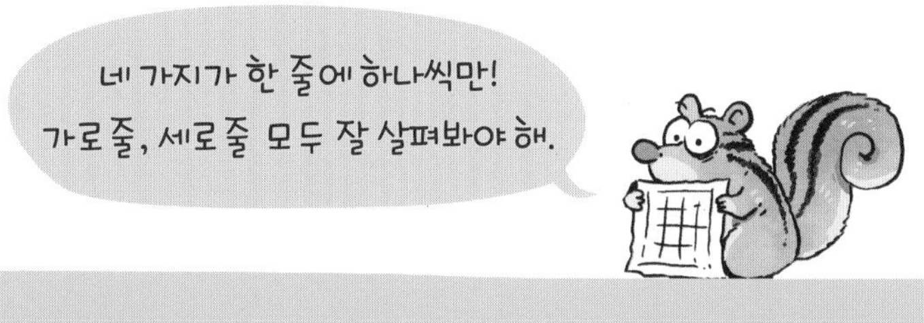

7 색깔 퍼즐

빨간 망토는 금화가 든 바구니를 들고 동굴 밖으로 나왔어요.
나람쥐와 곰도 졸졸 뒤따라 나왔어요.
"이제 할머니를 찾아야 해!"
그때였어요. 저 멀리 늑대가 또 지나가는 게 보였어요.
빨간 망토는 늑대를 쫓아갔어요.
"늑대가 할머니를 잡아먹었으면 어쩌지?"
빨간 망토의 눈에 눈물이 글썽거렸어요.
그때였어요. 갑자기 땅이 부르르 떨리더니 움푹 꺼지기 시작했어요.

빨간 망토의 다리가 휘청휘청,
다람쥐의 몸이 풀썩풀썩, 곰의 몸이 흔들흔들!
빨간 망토는 넘어지지 않으려고 발을 다른 곳으로 옮겼어요.
그러자 신기하게도 땅이 흔들리는 것이 멈추지 뭐예요.
"빨간 망토야, 방금 어떻게 한 거야?"
"난 그냥 옆으로 옮겼을 뿐인데……"

빨간 망토는 땅을 쳐다봤어요.
그런데 자세히 보니 땅에는 여러 선들이 그려져 있었어요.
'땅에 왜 선이 그려져 있지?'
땅이 다시 흔들리자 빨간 망토는 넘어지지 않으려고 발을 옆으로 옮겨 봤어요. 그러자 신기하게도 땅이 흔들리는 것이 멈췄어요.
"어떤 땅은 밟고 서 있어도 아무런 문제가 없는데
어떤 땅은 불쑥 가라앉는 것 같아."
빨간 망토는 가라앉는 땅과 가라앉지 않는 땅이
맞붙어 있다는 걸 알아냈어요.
"이제 우린 어떡하지?"
"가라앉는 땅은 검정색으로, 가라앉지 않는 땅은 노란색으로 표시해 보자. 그런 다음 노란색으로만 색칠된 곳으로 가면
안전하게 길을 지날 수 있을 거야."
빨간 망토는 얼른 쪽지에다 지도를 그렸어요. 다람쥐는 노란색 연필과 검은색 연필로 땅이 꺼지는 부분과 그렇지 않은 부분을 표시했지요. 지도가 완성되자 빨간 망토와 동물들은 안전하게 흔들리는 땅을 빠져나올 수 있었어요.

STEP 1 색깔 퍼즐(1)

1 빨강, 파랑, 노랑 3가지 색으로 옆에 붙어 있는 땅의 색이 모두 다르도록 색칠해 보세요.

1

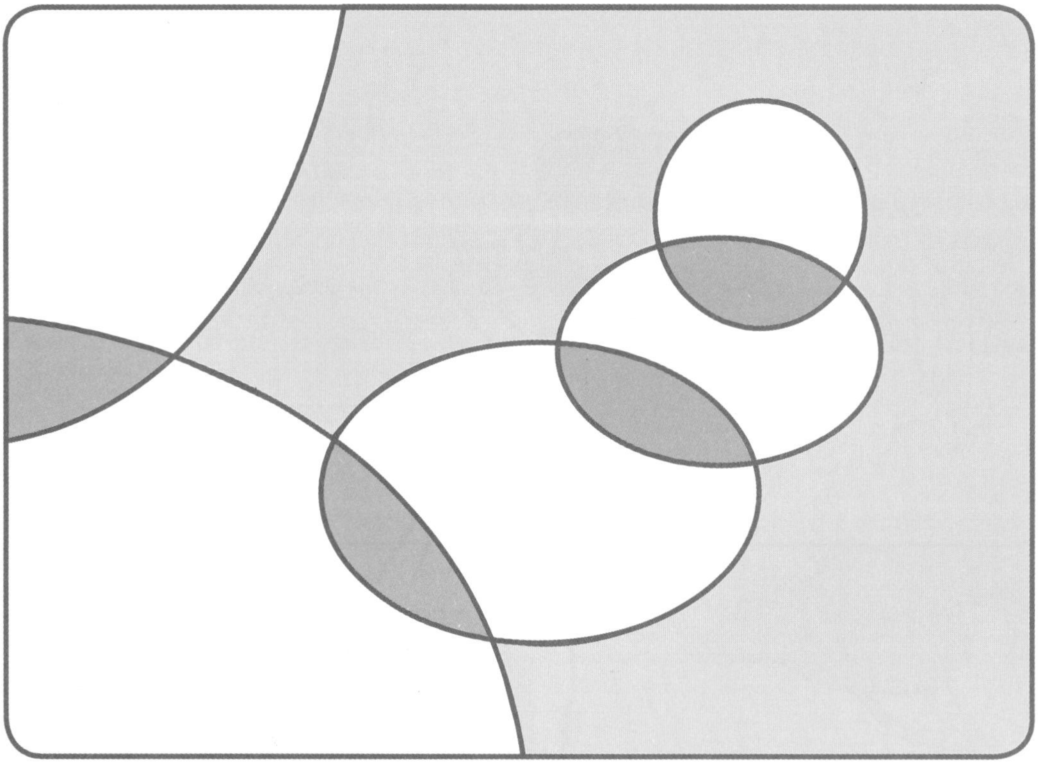

2

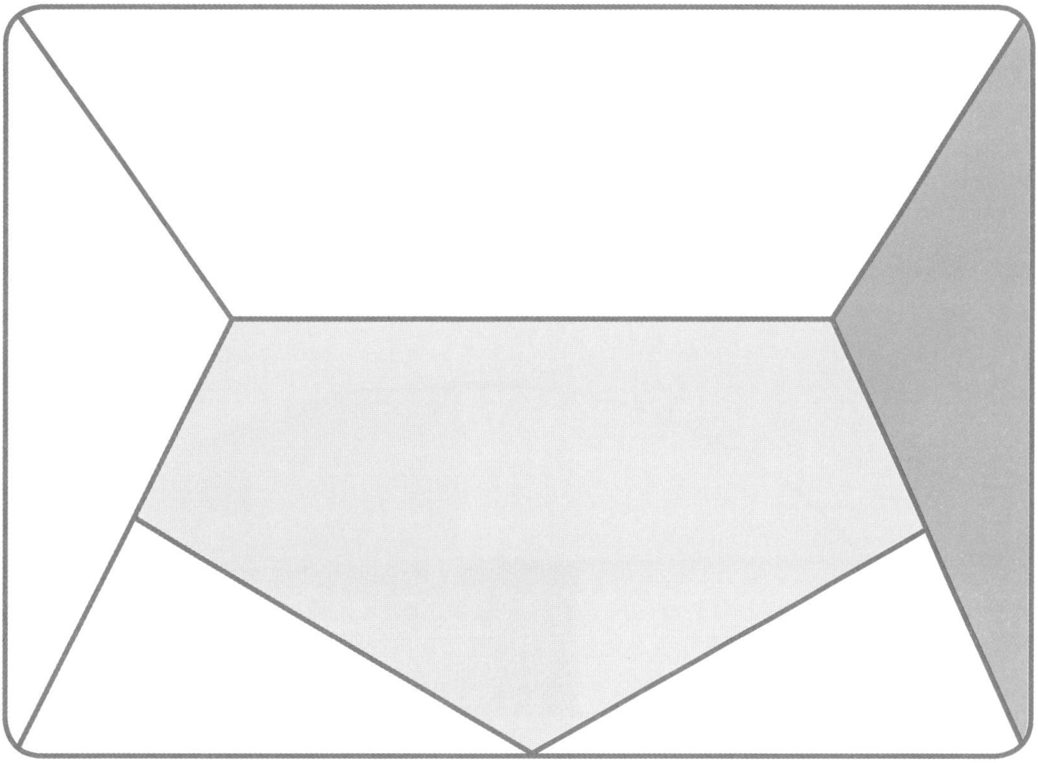

노란색과 파란색이 이미 칠해져 있으니까
가운데는 빨간색으로 칠해야 해.

STEP 2 색깔 퍼즐(2)

1 빨강, 파랑, 노랑, 초록 4가지 색으로 옆에 붙어 있는 땅의 색이 모두 다르도록 색칠해 보세요.

1

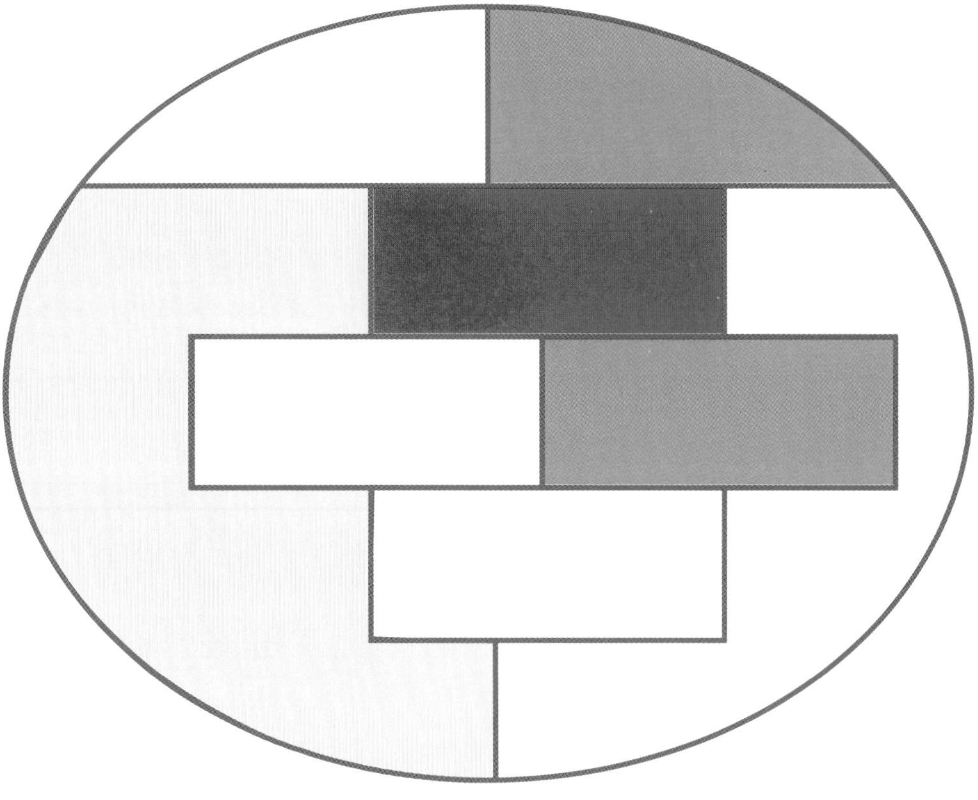

2

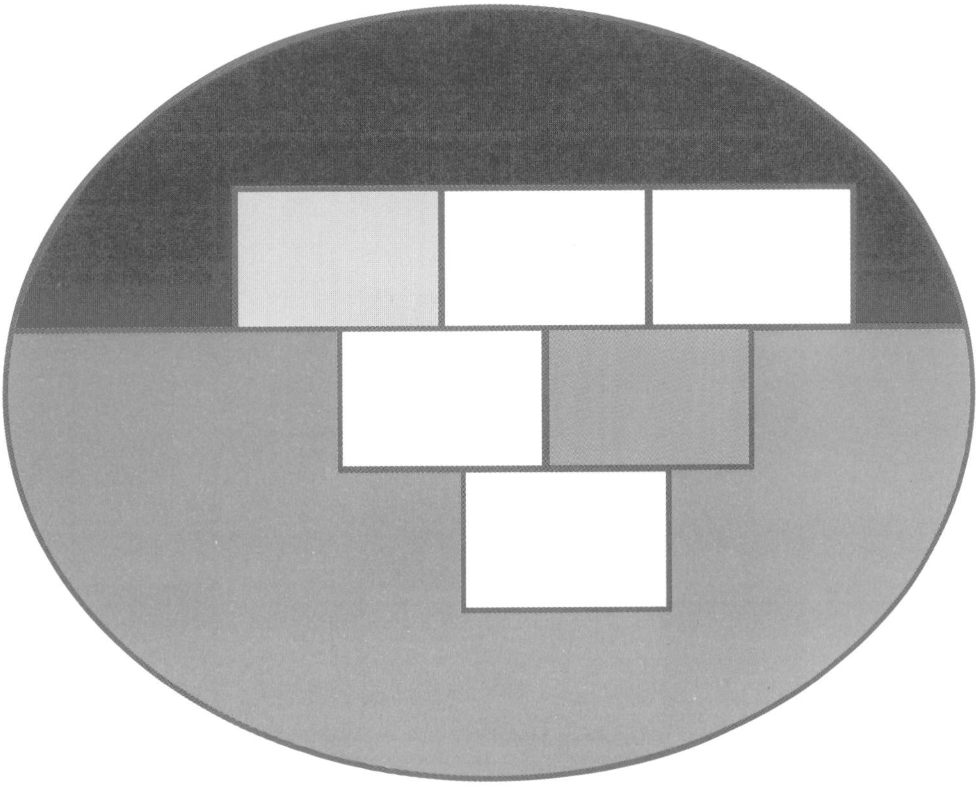

STEP 2 색깔 퍼즐(2)

3

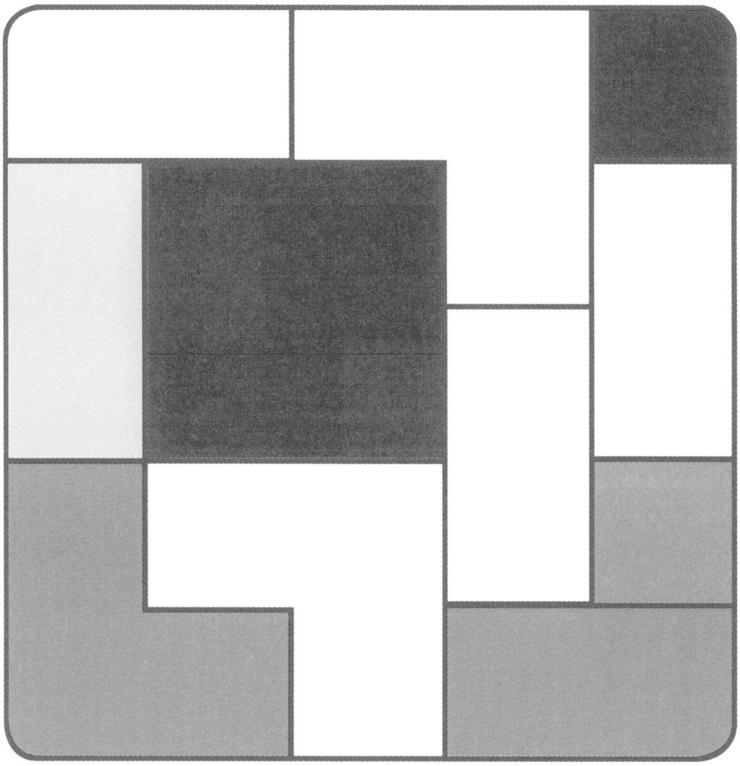

4

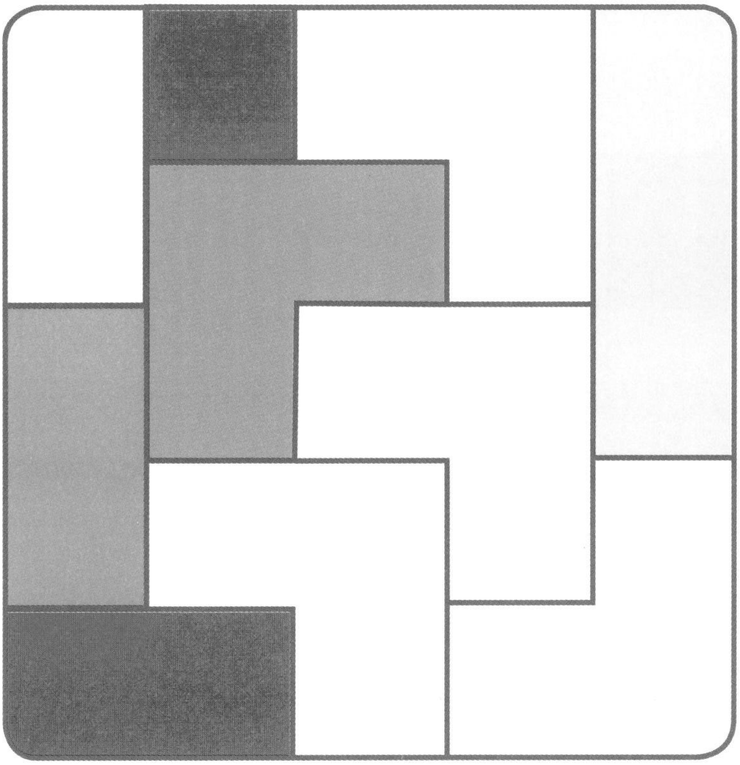

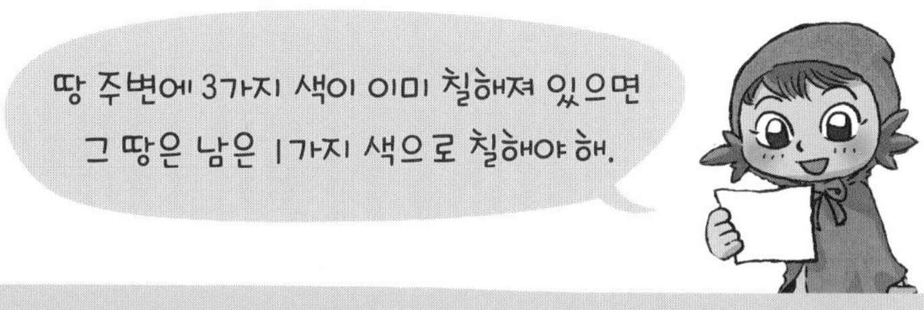

STEP 3

색깔 퍼즐(3)

1 빨강, 파랑, 노랑, 초록 4가지 색으로 옆에 붙어 있는 땅의 색이 모두 다르도록 색칠해 보세요.

1

2

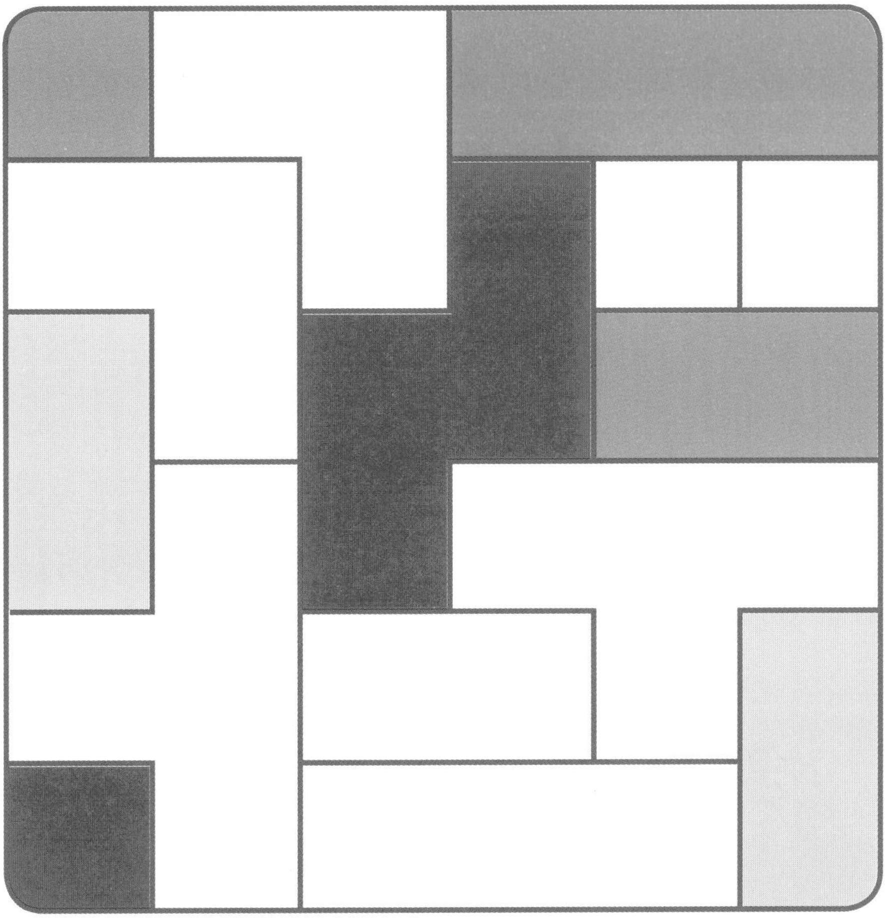

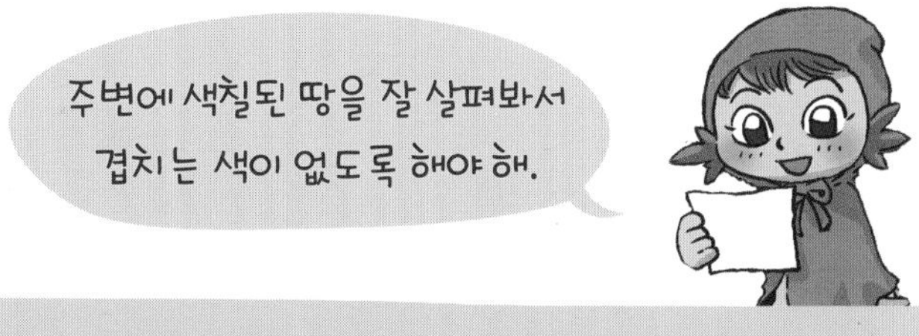

8 위치 추리

"그나저나 할머니는 어디 계신 걸까?"

그때였어요.

"영차, 영차!"

땅바닥에서 작은 소리가 들려왔어요. 빨간 망토는 땅바닥을 내려다보았어요.

애벌레들이 줄을 지어 차례차례 지나가고 있었어요.

빨간 망토는 애벌레의 순서를 살펴보았어요.

"애벌레가 7마리 지나가고 있어. 초록색 애벌레들 사이에 노란색 애벌레가 뒤에서 넷째로 가고 있어."

도토리를 줍던 다람쥐는 그 말을 듣고 빨간 망토에게 말했어요.

"노란색 애벌레는 7마리 애벌레 가운데 뒤에서 넷째니까 앞에서는 셋째가 되겠네."

그러자 사과를 따고 있던 곰이 애벌레들을 힐끗 보며 말했어요.

"아니야. 노란색 애벌레는 7마리 애벌레 가운데 앞에서 넷째로 가고 있네. 그러니까 뒤에서 셋째가 되잖아?"

다람쥐와 곰은 서로 자기 말이 맞다며 아옹다옹 다투었어요.

빨간 망토는 애벌레 순서를 다시 자세히 보았어요.

"으악, 노란색 애벌레는 앞에서도 뒤에서도 넷째네. 너희 둘 다 틀렸어."

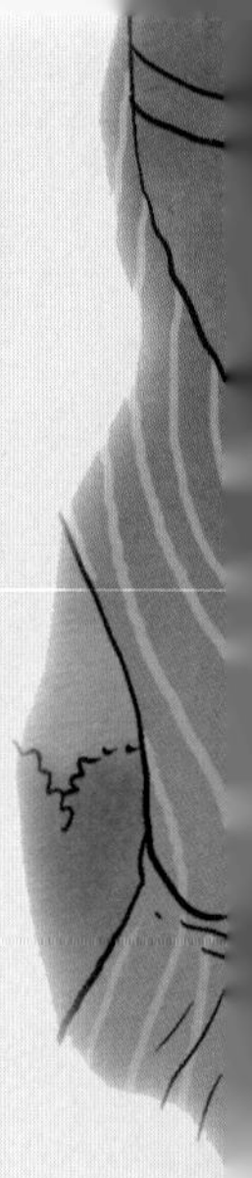

"애들아, 좀 비켜 줄래? 우린 지금 몹시 바빠."
애벌레들이 빨간 망토에게 소리쳤어요.
"방해해서 미안해. 너희들은 어딜 가는데?"
빨간 망토가 물었어요.
"할머니가 따뜻한 털실로 짠 옷을 주신댔거든."
"털실이라고?"
"그래, 빨갛고 포근한 털실. 마치 네가 지금 입고 있는 그 망토처럼."
"이 망토는…… 우리 할머니가 떠 주신 건데!"
바로 그때, 늑대가 앞쪽에서 빨간 망토를 쳐다보고 있지 뭐예요. 빨간 망토는 잔뜩 겁이 났어요.
그러자 늑대가 말했어요.
"이쪽이야."
"뭐라고?"
"이쪽으로 가면 할머니가 계셔."
빨간 망토는 늑대가 가리키는 쪽으로 가 보았어요. 그랬더니 정말 흔들 의자에 앉아 뜨개질을 하고 있는 할머니가 보였지요.
늑대는 할머니에게 달려가며 말했어요.
"할머니, 친구들을 모두 데려왔어요!"
늑대는 할머니의 심부름으로 빨간 망토와 동물 친구들을 데려왔던 거예요.
빨간 망토는 할머니를 꼬옥 끌어안았답니다.

STEP 1

위치 추리(1)

1 애벌레 여러 마리가 한 줄로 지나가고 있어요. 애벌레는 모두 몇 마리일까요?

1

- 노란색 애벌레는 제일 끝에 가고 있어요.
- 노란색 애벌레 앞에는 7마리의 초록색 애벌레들이 가고 있어요.

(　　　　　　　　)마리

2

- 초록색 애벌레들 사이에 노란색 애벌레가 있어요.
- 노란색 애벌레 앞에는 초록색 애벌레가 3마리, 뒤에는 초록색 애벌레가 2마리 있어요.

(　　　　　　　　)마리

3

- 초록색 애벌레들 사이에 노란색 애벌레가 있어요.
- 노란 애벌레는 앞에서 둘째, 뒤에서 넷째에 있어요.

(　　　　　　　　　　)마리

4

- 노란색 애벌레는 제일 끝에 가고 있어요.
- 노란색 애벌레와 가장 친한 초록색 애벌레는 앞에서 넷째에 있어요.
- 제일 끝에 가고 있는 노란색 애벌레와 가장 친한 초록색 애벌레 사이에는 다른 초록색 애벌레가 2마리 있어요.

(　　　　　　　　　　)마리

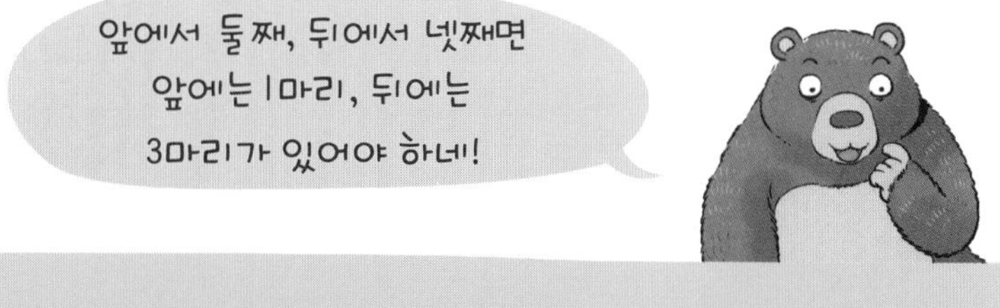

STEP 2

위치 추리(2)

1 서로 다른 색깔의 애벌레들이 길을 지나가고 있어요. 설명에 맞게 애벌레에 알맞은 색을 칠해 보세요.

1

- 노란색, 초록색, 빨간색 애벌레가 지나가고 있어요.
- 빨간색 애벌레 2마리는 옆으로 나란히 지나가고 있어요.
- 초록색 애벌레는 빨간색 애벌레 뒤에 가고 있어요.

2

- 노란색, 초록색, 빨간색 애벌레가 지나가고 있어요.
- 노란색 애벌레 2마리 중 1마리는 가장 빠르게, 1마리는 가장 느리게 가고 있어요.
- 빨간색 애벌레는 노란색 애벌레 바로 앞에 가고 있어요.

STEP 2

위치 추리(2)

3

- 노란색, 초록색, 빨간색, 파란색 애벌레가 지나가고 있어요.
- 노란색 애벌레가 가장 느리게 가고 있고 바로 앞에 빨간색 애벌레가 있어요.
- 초록색 애벌레는 빨간색 애벌레 앞에 가고 있어요.

4

- 노란색, 초록색, 빨간색, 파란색 애벌레가 지나가고 있어요.
- 초록색 애벌레는 파란색 애벌레 바로 앞에 가고 있어요.
- 빨간색 애벌레가 가장 빨리 가고 있어요.

STEP 3 위치 추리(3)

1 애벌레들의 집이에요. 설명을 읽고 어떤 색의 애벌레가 어디에 사는지 붙임 딱지를 붙여 보세요.

1

- 노란색, 초록색, 연두색, 갈색, 빨간색 애벌레가 살고 있어요.
- 갈색 애벌레 아래에는 노란색 애벌레가 살고 있어요.
- 초록색 애벌레 위에는 빨간색 애벌레가 살고 있어요.
- 갈색 애벌레 옆에는 초록색 애벌레가 살고 있어요.

2

- 노란색, 초록색, 연두색, 갈색, 빨간색 애벌레가 살고 있어요.
- 노란색 애벌레 옆에는 초록색 애벌레가 살고 있어요.
- 초록색 애벌레 위에는 연두색 애벌레가 살고 있어요.
- 노란색 애벌레 아래에는 빨간색 애벌레가 살고 있어요.

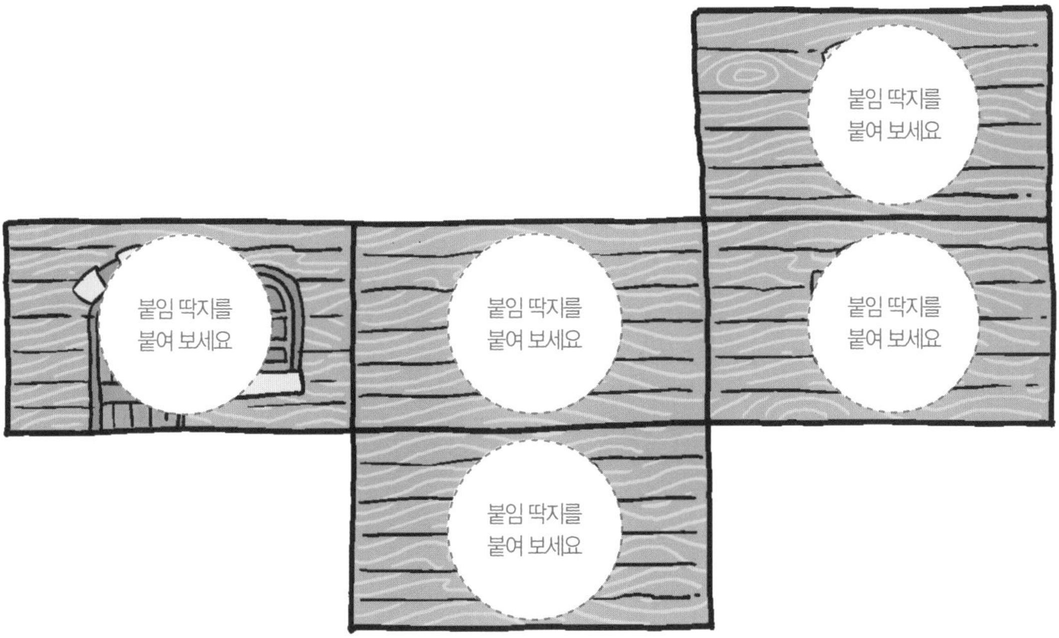

메모장

정답과 풀이

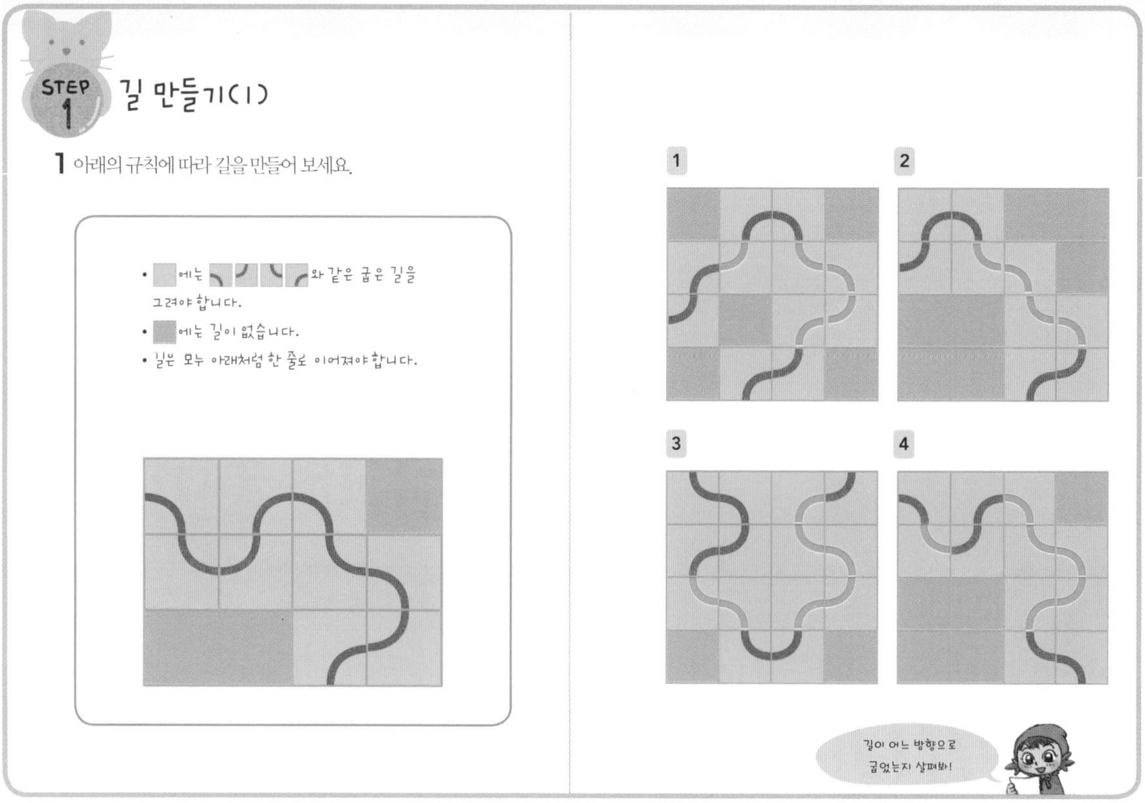
STEP 1 길 만들기(1)

1 아래의 규칙에 따라 길을 만들어 보세요.

- 에는 와 같은 굽은 길을 그려야 합니다.
- 에는 길이 없습니다.
- 길은 모두 아래처럼 한 줄로 이어져야 합니다.

1

2

3

4

1

1

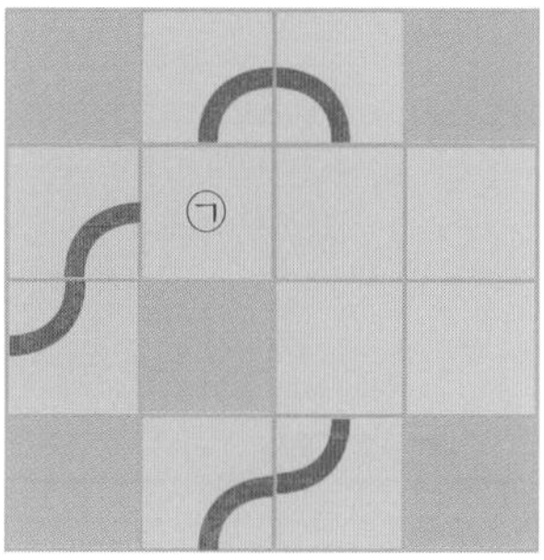

㉠의 칸을 보면 왼쪽과 위쪽의 길을 연결해야 하므로  모양의 길이 들어가야 합니다.

3

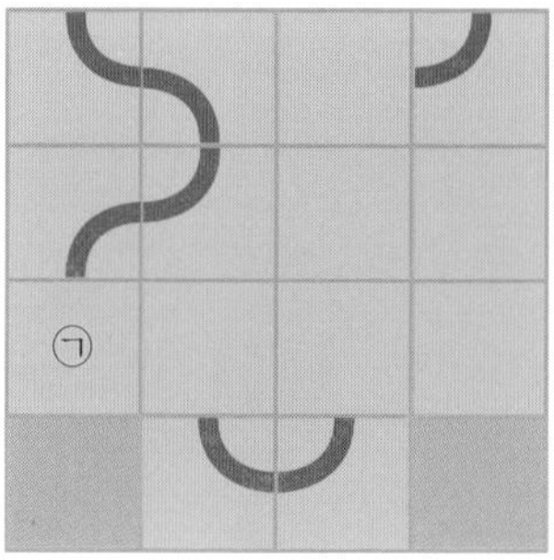

㉠의 칸을 보면 위와 연결이 되어야 하므로  또는  모양이어야 합니다. 하지만  모양일 때는 길이 밖으로 나가게 되어 끊어지게 되므로  모양을 선택합니다.

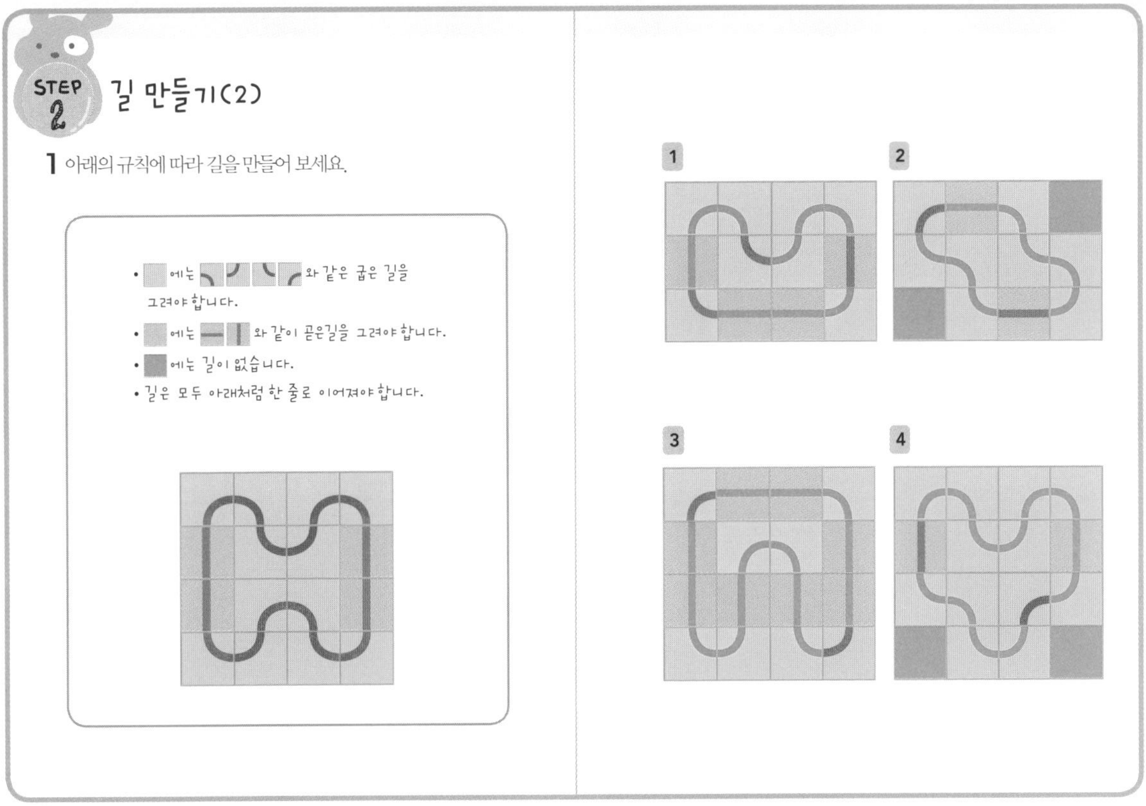

1

곧은 선의 길이 추가된 경우입니다. 곧은 선의 길은 또는 2가지가 가능합니다. 이 둘 중 전체 길을 연결시키려면 어떤 모양의 길을 선택해야 할지를 주변 상황을 잘 살펴 결정합니다.

1

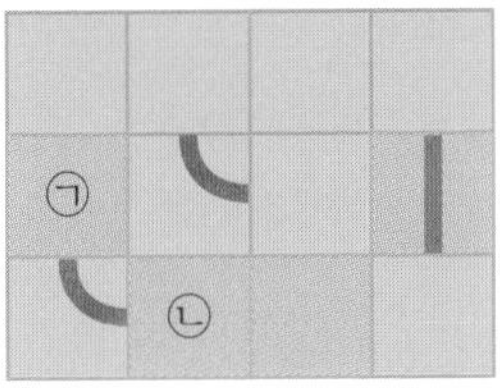

㉠의 경우는 아래쪽 부분이 길로 연결되어야 하므로 모양의 길을 사용해야 하며 ㉡의 경우는 왼쪽 부분이 길로 연결되어야 하므로 모양의 길을 사용해야 합니다.

4

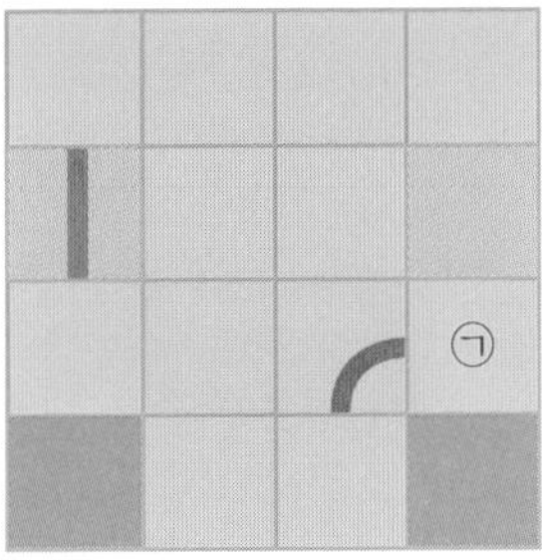

㉠의 경우 왼쪽과 연결되는 길인 또는 모양의 길이 들어가는데 모양의 길을 넣으면 길이 없는 칸과 연결이 되므로 모양의 길을 선택합니다.

STEP 2 길 만들기(2)

5

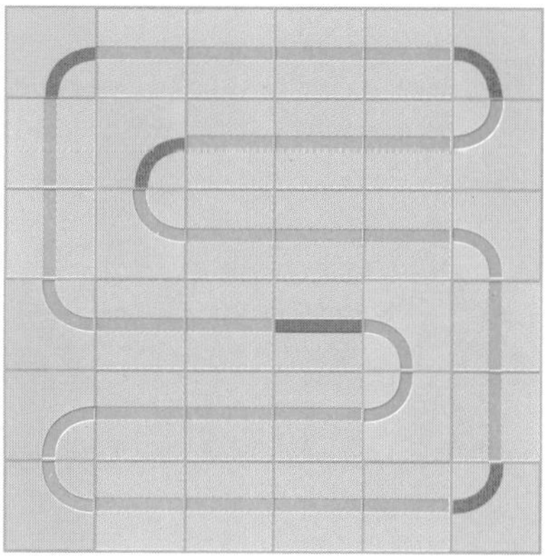

6

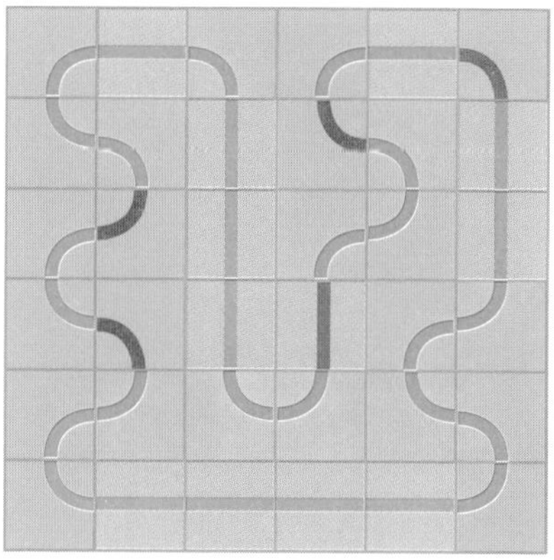

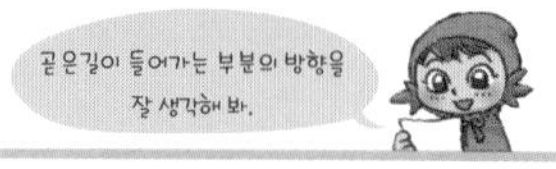

5

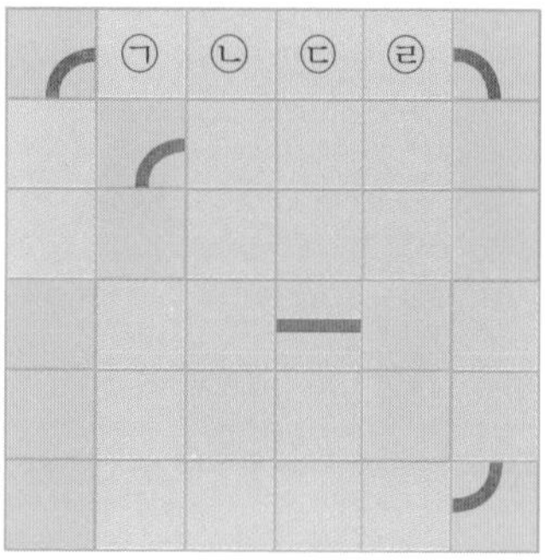

㉠부터 ㉣까지의 길은 양 옆의  과  사이를 곧은 선으로 이어야 하므로  모양의 길로 이어야 합니다.

6

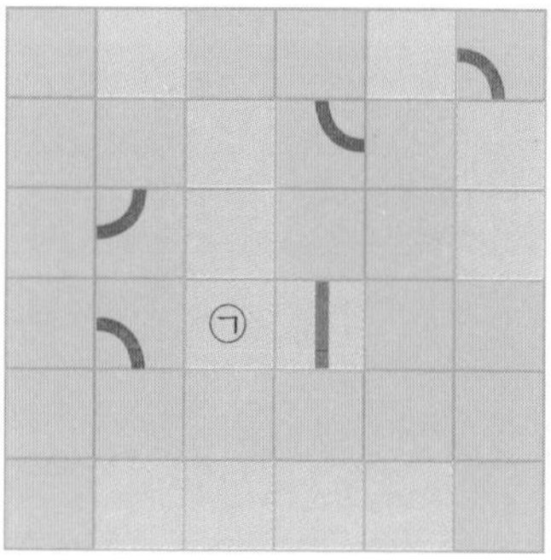

㉠번 위치에  모양의 길이 온다면 오른쪽과 왼쪽에 있는 길과 연결되지 않습니다. 따라서 ㉠번 위치에는  모양의 길이 와야 하고 그 위쪽으로도  모양의 길이 와서 연결되어야 합니다.

STEP 3 길 만들기(3)

1 규칙에 따라 길을 만들어 보세요.

1

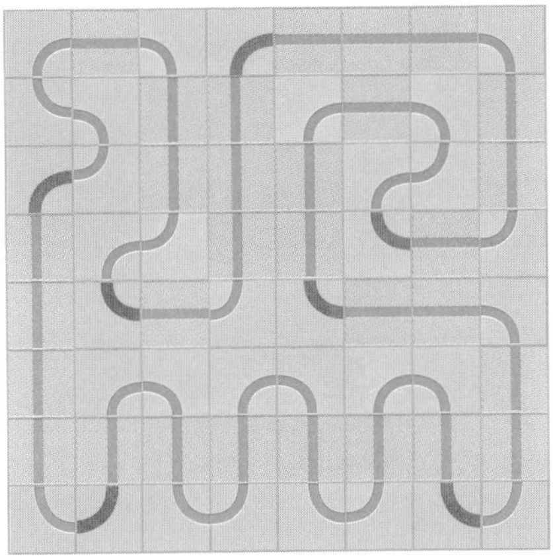

2

STEP 1 조각 배치(1)

1 가로와 세로에 있는 수는 조각 개수를 뜻해요. 남은 1개의 조각을 그려 보세요. (주어진 조각들은 돌리거나 뒤집을 수 있어요.)

1

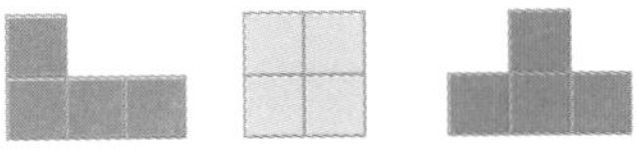

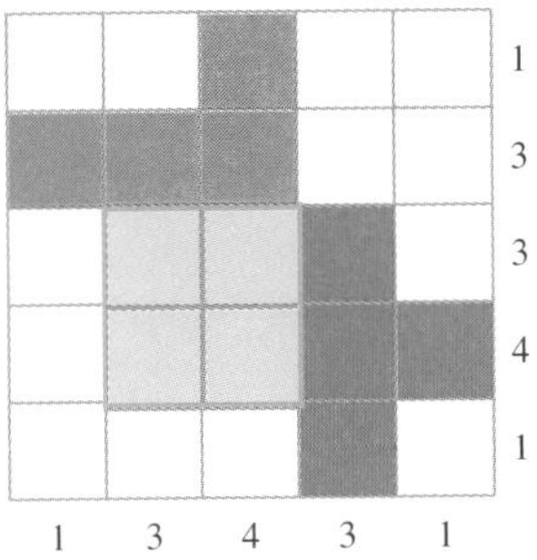

2

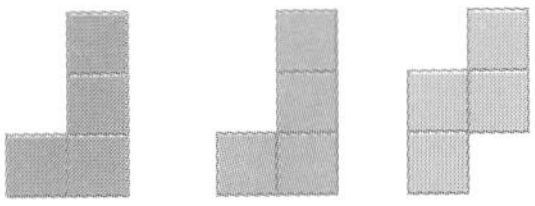

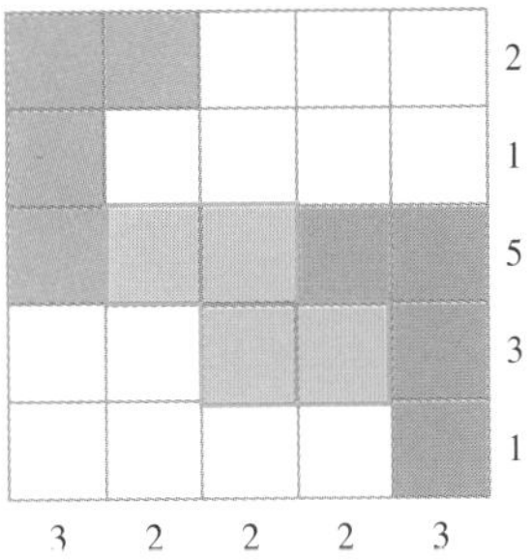

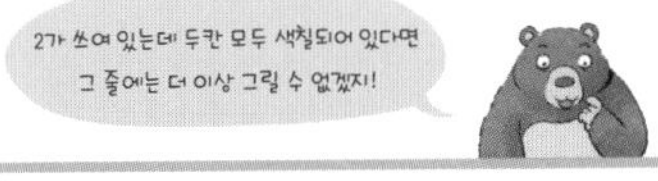

STEP 2 조각 배치(2)

1 가로와 세로에 있는 수는 조각 개수를 뜻해요. 남은 2개의 조각을 그려 보세요. (주어진 조각들은 돌리거나 뒤집을 수 있어요.)

1

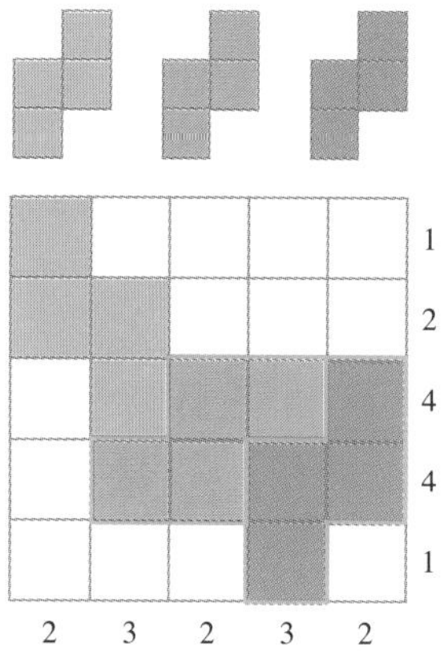

2

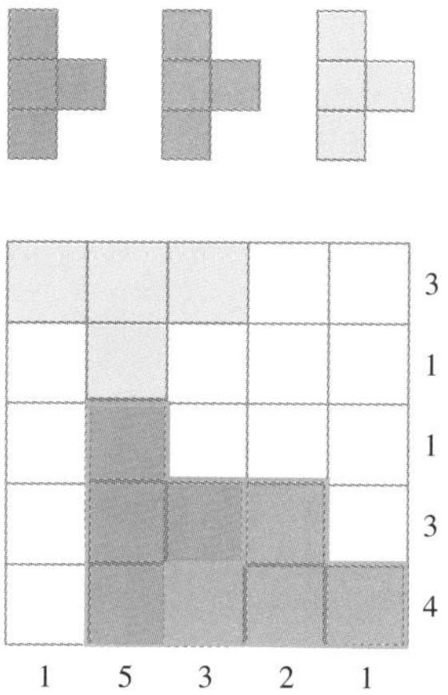

1

1 가로와 세로의 수를 보고 들어갈 수 있는 자리는 ○표, 들어갈 수 없는 자리는 ×표를 해서 문제를 해결합니다.

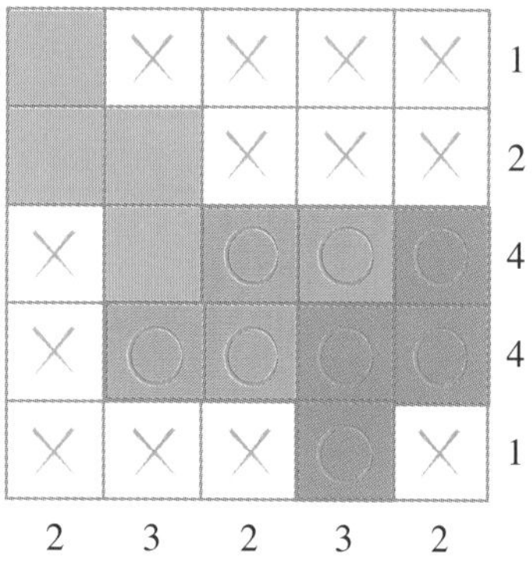

모양을 넣어 본 후에 다시 가로와 세로의 수를 확인하며 조건에 맞는지 확인합니다.

2 가로와 세로의 수를 보고 들어갈 수 있는 자리는 ○표, 들어갈 수 없는 자리는 ×표를 해서 문제를 해결합니다.

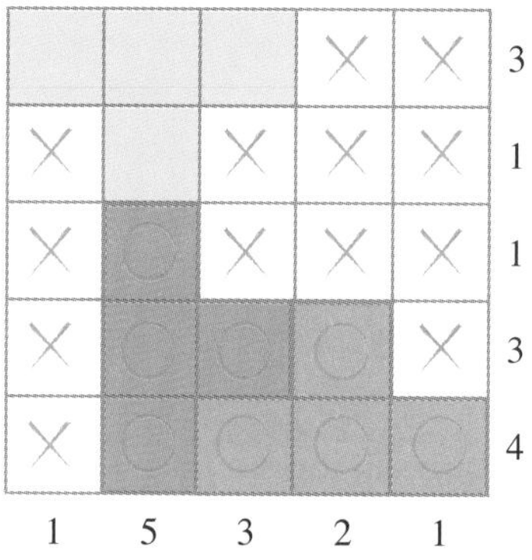

모양을 넣어 본 후에 다시 가로와 세로의 수를 확인하며 조건에 맞는지 확인합니다.

STEP 2 조각 배치 (2)

3

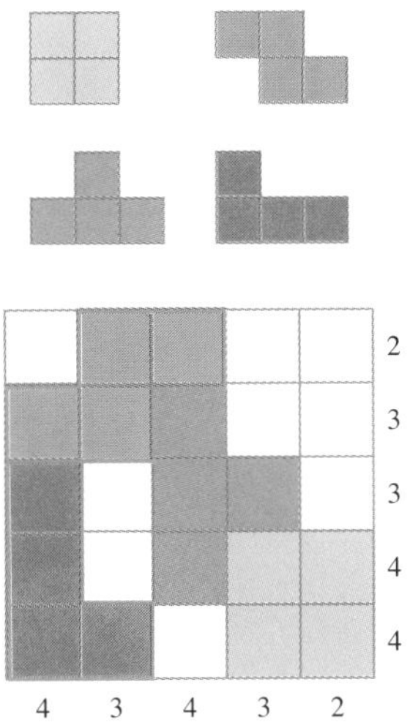

4

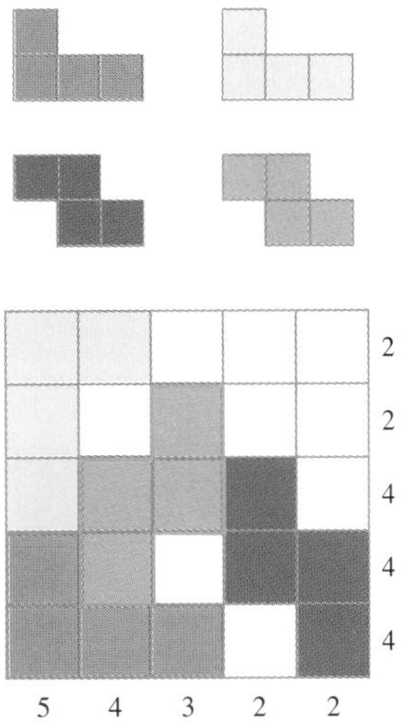

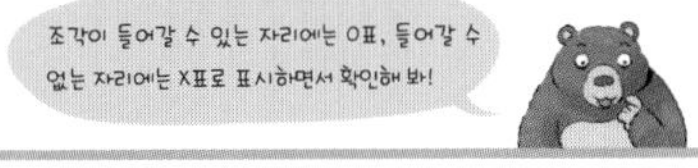

3 가로와 세로의 수를 보고 그 자리에 퍼즐 조각이 있는 경우는 ○, 없는 경우는 × 표시를 하며 조각이 들어갈 수 있는 위치를 찾아봅니다.

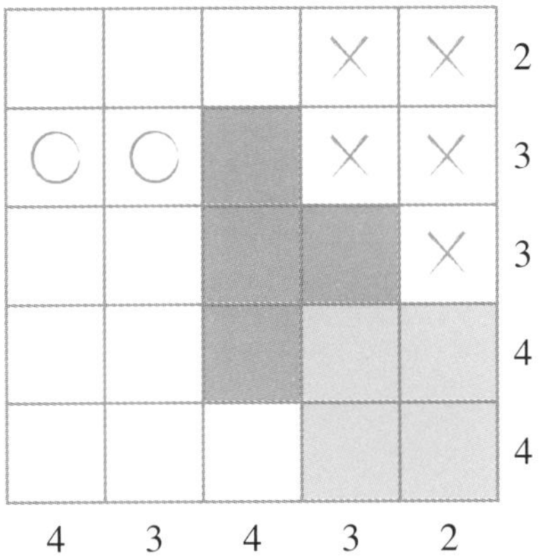

4

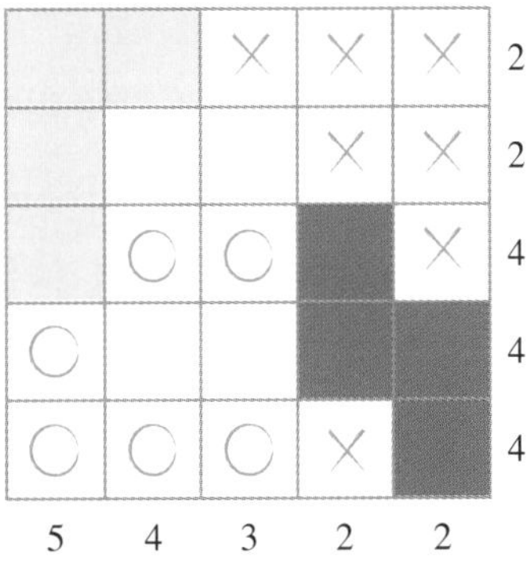

[다른 답]

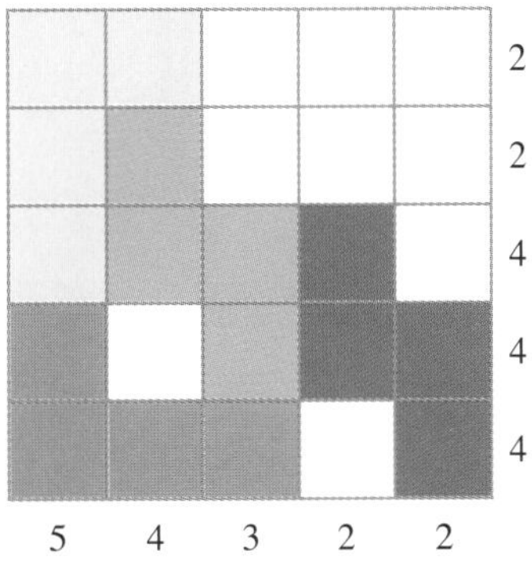

STEP 3

조각 배치 (3)

1 가로와 세로에 있는 수는 조각 개수를 뜻해요. 남은 조각 1개를 그려 보세요. (주어진 조각들은 돌리거나 뒤집을 수 있어요.)

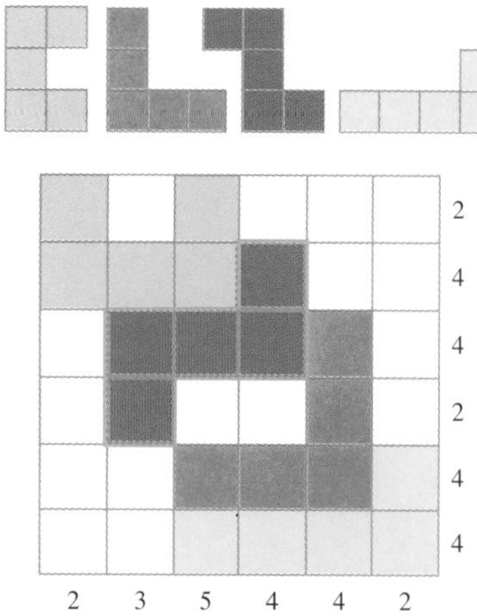

2 남은 조각 2개를 그려 보세요.

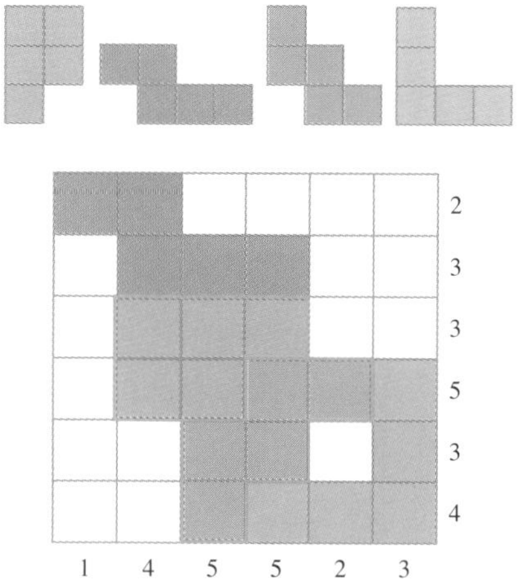

1

가로와 세로의 수를 보고 그 자리에 퍼즐 조각이 있는 경우는 ◯, 없는 경우는 × 표시를 하며 조각이 들어갈 수 있는 위치를 찾아봅니다.

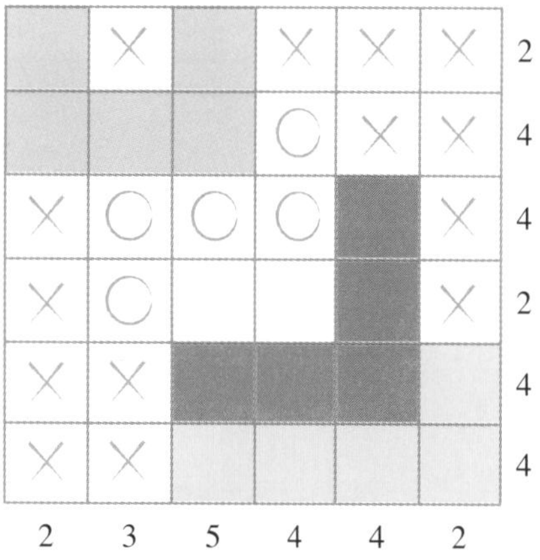

2

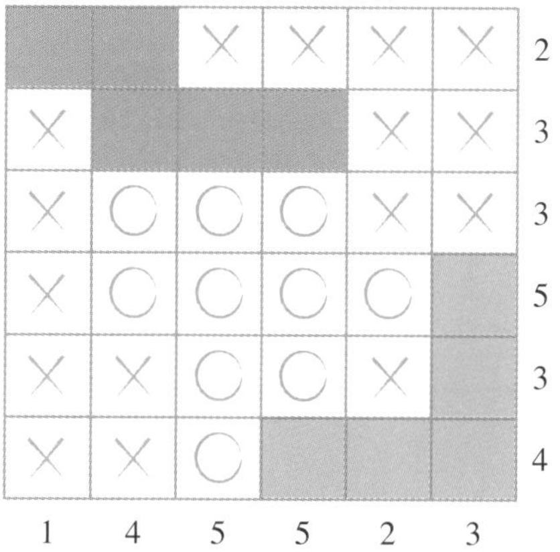

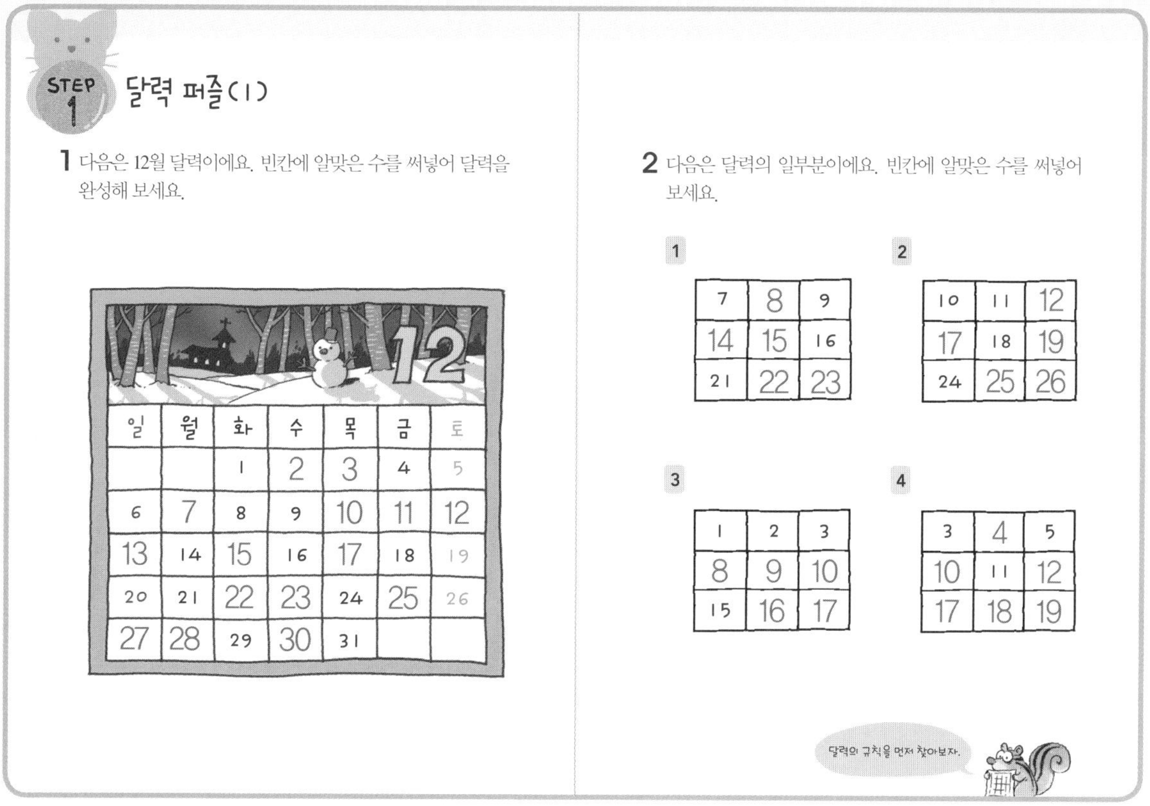

STEP 1 달력 퍼즐(1)

1 다음은 12월 달력이에요. 빈칸에 알맞은 수를 써넣어 달력을 완성해 보세요.

일	월	화	수	목	금	토
		1	2	3	4	5
6	7	8	9	10	11	12
13	14	15	16	17	18	19
20	21	22	23	24	25	26
27	28	29	30	31		

2 다음은 달력의 일부분이에요. 빈칸에 알맞은 수를 써넣어 보세요.

1

7	8	9
14	15	16
21	22	23

2

10	11	12
17	18	19
24	25	26

3

1	2	3
8	9	10
15	16	17

4

3	4	5
10	11	12
17	18	19

달력의 규칙을 먼저 찾아보자.

1

달력에는 월, 일, 요일이 나와 있습니다. 1년은 12개월로, 1월부터 12월까지 있습니다. 이 중 12월은 1일부터 31일까지 있습니다. 요일은 일, 월, 화, 수, 목, 금, 토 7개의 요일이 반복됩니다. 달력의 수를 잘 살펴보면 가로줄은 1씩 커지고, 세로줄은 7씩 커지는 것을 알 수 있습니다.

2

달력의 가로줄의 수는 1씩 커지는 규칙이므로 적혀 있는 수를 기준으로 오른쪽 칸은 1 큰 수를, 왼쪽 칸은 1 작은 수를 씁니다. 또, 일주일은 일요일부터 토요일까지 7일이므로 달력의 세로줄의 수는 7씩 커지는 규칙입니다.

STEP 2 달력 퍼즐(2)

1 달력의 빈칸에 알맞은 수를 써넣어 보세요.

1

11	12	13
18	19	20
		27

2

	3	4
9	10	11
16	17	18

3

1	2	
8	9	10
15	16	

4

14	15	16
21	22	
	29	

5

6	7	8	9
13	14	15	
		22	

6

	3	4	
9	10	11	12
16	17	18	
		25	26

1

1

11	12	13
19−1 =18	19	19+1 =20
		20+7 =27

4

15−1 =14	16−1 =15	16
21	21+1 =22	
	22+7 =29	

5

6	6+1 =7	7+1 =8	9
14−1 =13	14	14+1 =15	
		15+1 =22	

6

	10−7 =3	3+1 =4	
10−1 =9	10	10+1 =11	11+1 =12
17−1 =16	10+7 =17	17+1 =18	
		25	25+1 =26

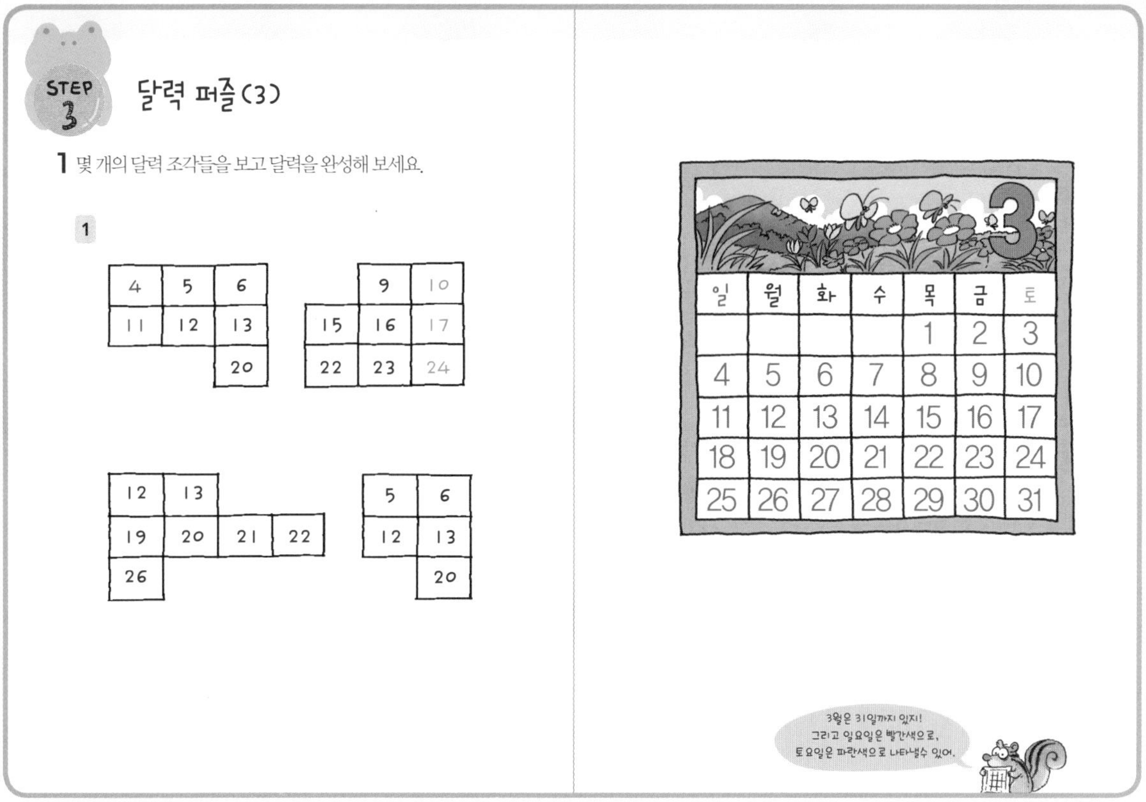
STEP 3 달력 퍼즐(3)

1 몇 개의 달력 조각들을 보고 달력을 완성해 보세요.

1

일	월	화	수	목	금	토
				1	2	3
4	5	6	7	8	9	10
11	12	13	14	15	16	17
18	19	20	21	22	23	24
25	26	27	28	29	30	31

1

겹치는 수들을 잘 살펴보며 논리적으로 달력을 완성해 봅니다. 숫자의 색으로 요일을 짐작해 볼 수 있습니다.

1

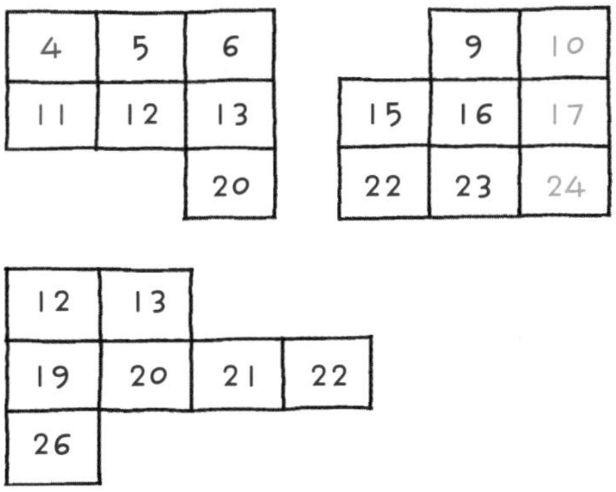

위의 3개의 달력 조각을 겹쳐 보면 11일부터 17일까지 한 줄로 놓이게 되는 것을 알 수 있습니다.

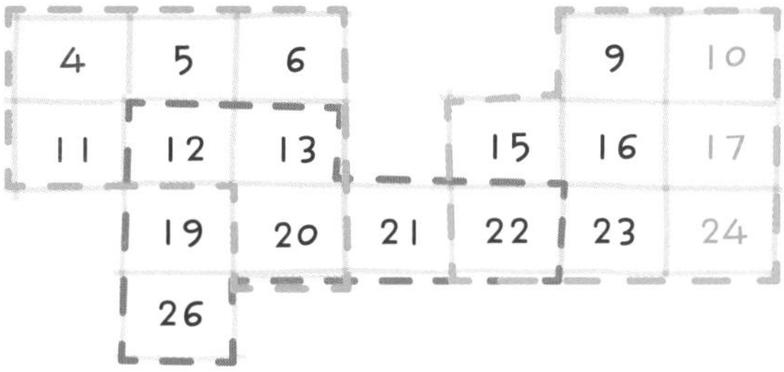

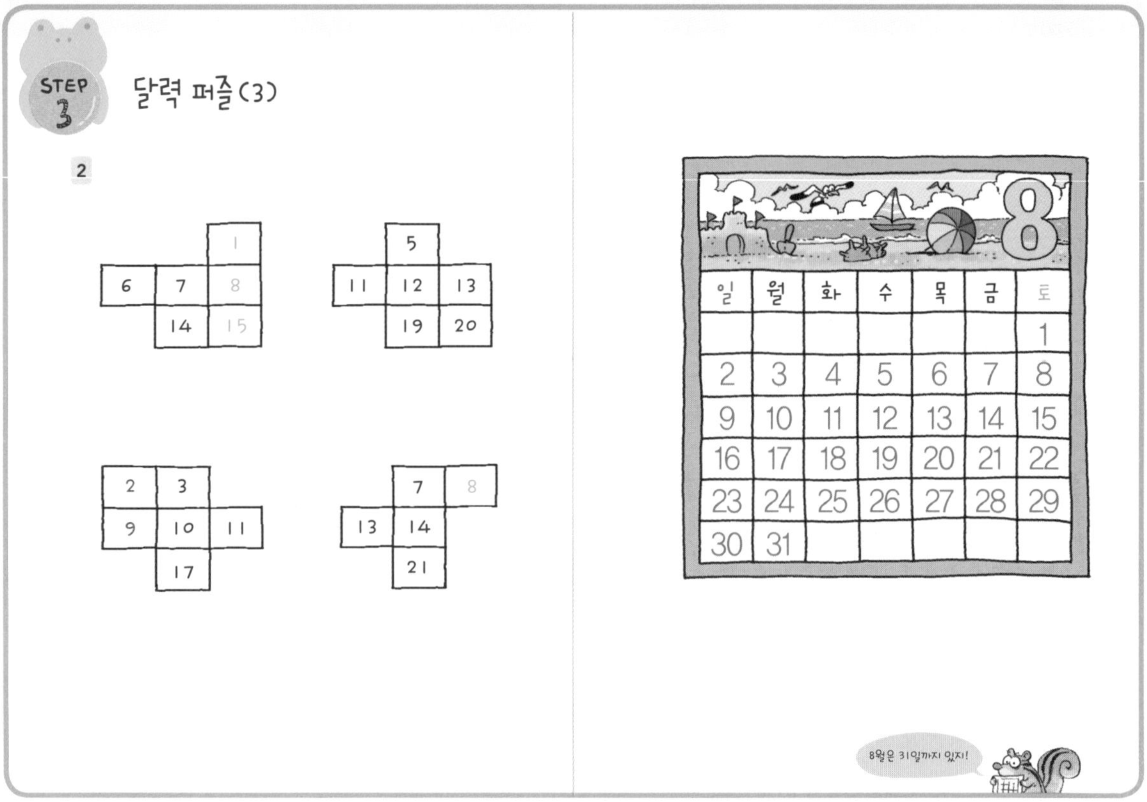

2

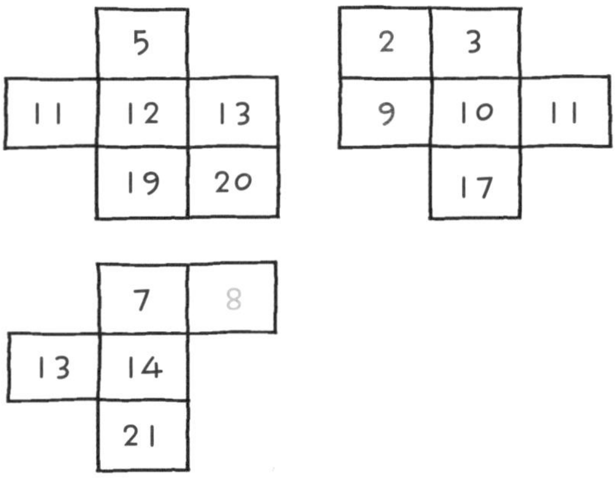

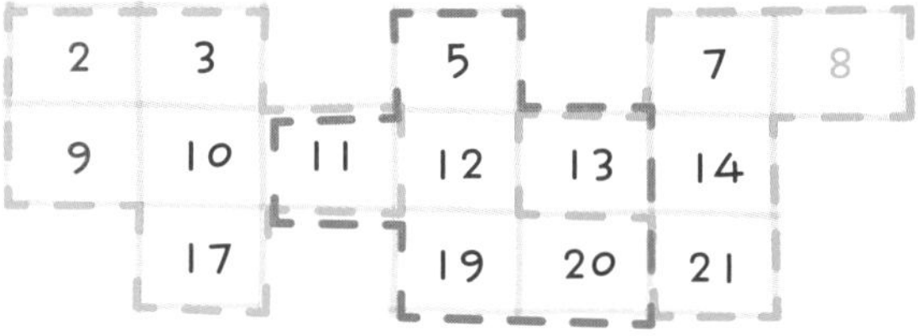

위의 3개의 달력 조각을 겹쳐 보면 9일부터 15일까지 한 줄로 놓이게 되는 것을 알 수 있습니다.

STEP 1 하트 퍼즐 탐구

1 깨진 열쇠 조각을 아래와 같이 분류해 보세요.

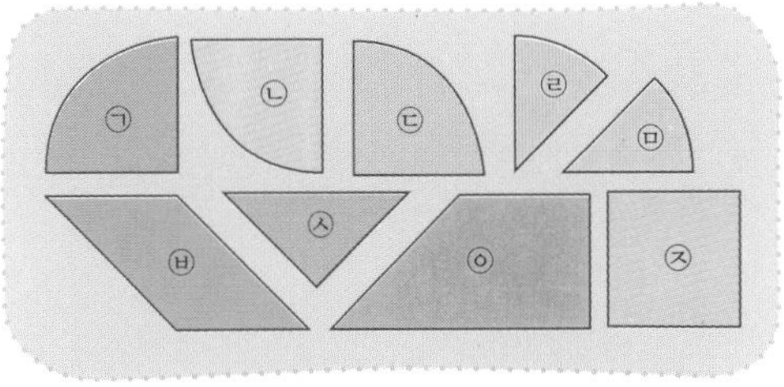

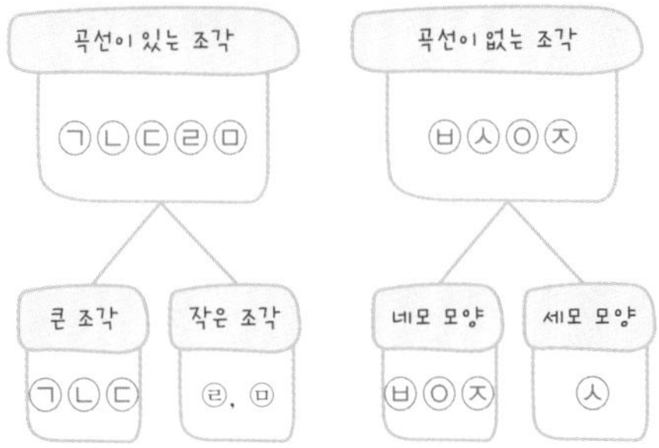

부록 도형 조각

2 부록 의 도형 조각으로 동그라미 모양과 네모 모양을 만들어 보세요.

1

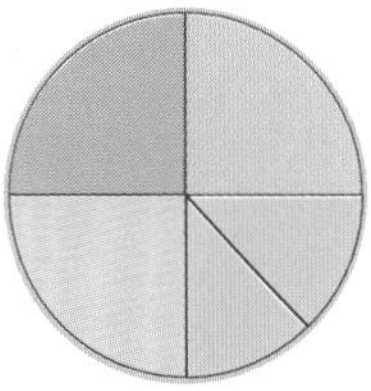

2

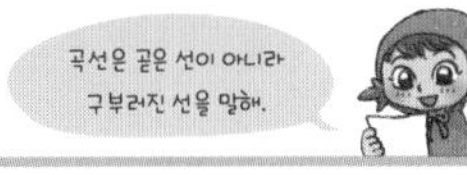

STEP 2 도형 퍼즐(1)

1 부록 의 도형 조각을 이용해서 다른 여러 가지 모양도 만들어 보세요.

1

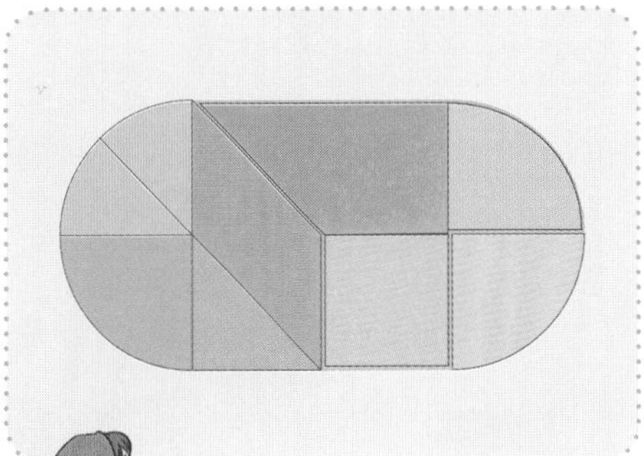

부록 도형 조각

2

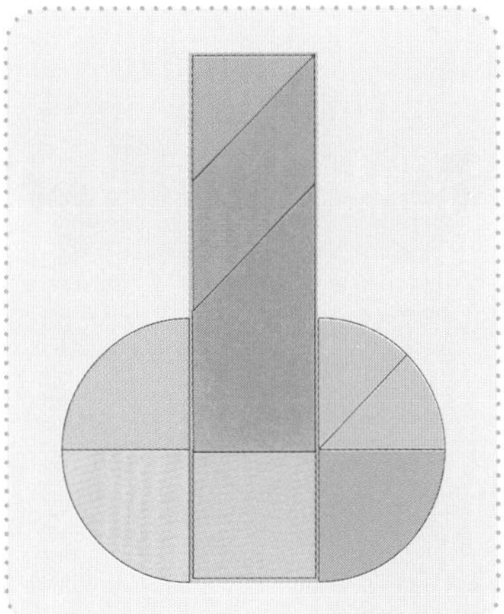

56~57쪽

STEP 2 도형 퍼즐 (1)

3

4

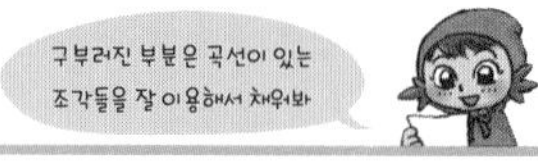

58~59쪽

STEP 3 도형 퍼즐 (2)

1 빨간 망토는 바다에서 물고기와 갈매기를 봤어요. 부록 의 도형 조각을 이용해서 물고기와 갈매기를 만들어 보세요.

부록 도형 조각

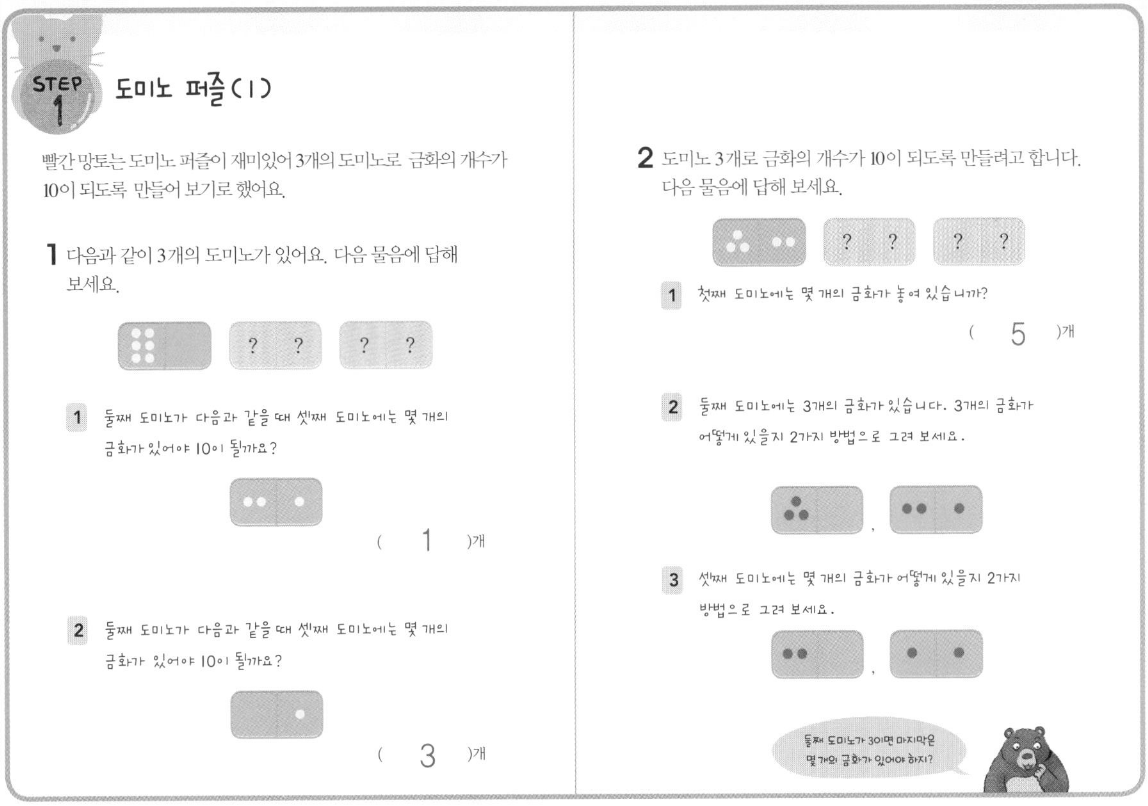
STEP 1 도미노 퍼즐(1)

빨간 망토는 도미노 퍼즐이 재미있어 3개의 도미노로 금화의 개수가 10이 되도록 만들어 보기로 했어요.

1 다음과 같이 3개의 도미노가 있어요. 다음 물음에 답해 보세요.

? ? ? ?

1 둘째 도미노가 다음과 같을 때 셋째 도미노에는 몇 개의 금화가 있어야 10이 될까요?

(1)개

2 둘째 도미노가 다음과 같을 때 셋째 도미노에는 몇 개의 금화가 있어야 10이 될까요?

(3)개

2 도미노 3개로 금화의 개수가 10이 되도록 만들려고 합니다. 다음 물음에 답해 보세요.

? ? ? ?

1 첫째 도미노에는 몇 개의 금화가 놓여 있습니까?

(5)개

2 둘째 도미노에는 3개의 금화가 있습니다. 3개의 금화가 어떻게 있을지 2가지 방법으로 그려 보세요.

3 셋째 도미노에는 몇 개의 금화가 어떻게 있을지 2가지 방법으로 그려 보세요.

1

1 첫째 도미노에 금화가 6개 있고, 둘째 도미노에 금화가 3개 있으므로 10개가 되려면 1개의 금화가 더 필요합니다.

2 첫째 도미노에 금화가 6개 있고, 둘째 도미노에 금화가 1가 있으므로 10개가 되려면 3개의 금화가 더 필요합니다.

2

1 첫째 도미노에는 3개와 2개 합해서 5개의 금화가 있습니다.

2 둘째 도미노에는 3개의 금화가 있습니다. 도미노에 3개의 금화가 있을 수 있는 경우는 3개와 0개, 2개와 1개입니다.

3 첫째 도미노에 금화가 5개, 둘째 도미노에 금화가 3개 들어 있으므로 10개가 되려면 셋째 도미노에는 금화가 2개 있어야 합니다.
금화 2개가 있을 수 있는 경우는 2개와 0개, 1개와 1개입니다.

66~67쪽

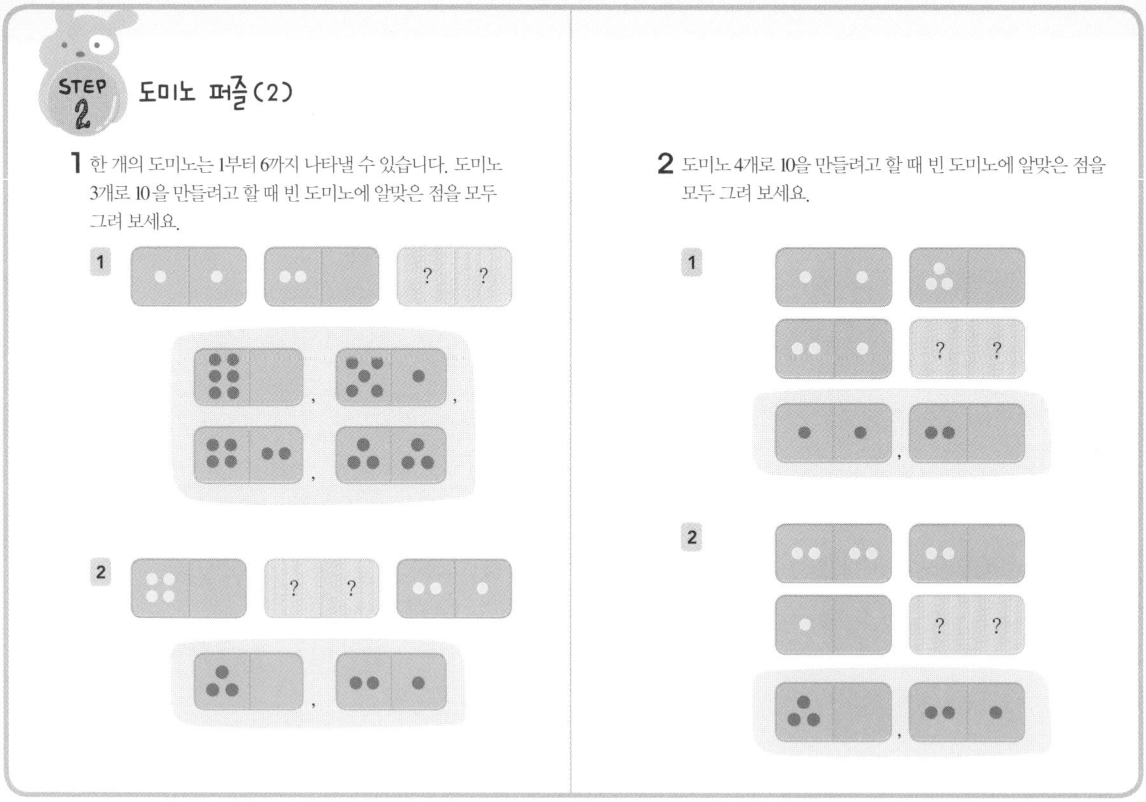

1

1 도미노 3개로 10을 만드는 데 2와 2가 있으므로 도미노 1개로 6을 만들어야 합니다. 6을 만들 수 있는 경우는 (6, 0), (5, 1), (4, 2), (3, 3)입니다.

2 도미노 3개로 10을 만드는 데 4와 3이 있으므로 도미노 1개로 3을 만들어야 합니다. 3을 만들 수 있는 경우는 (3, 0), (2, 1)입니다.

2

1 도미노 4개로 10을 만드는 데 2와 3, 3이 있으므로 도미노 1개로 2를 만들어야 합니다. 2를 만들 수 있는 경우는 (1, 1), (2, 0)입니다.

2 도미노 4개로 10을 만드는 데 4와 2, 1이 있으므로 도미노 1개로 3을 만들어야 합니다. 3을 만들 수 있는 경우는 (3, 0), (2, 1)입니다.

STEP 2 도미노 퍼즐(2)

3 도미노를 놓아서 각 줄에 있는 점의 개수의 합이 10이 되도록 빈 도미노에 점을 그려 보세요.

1

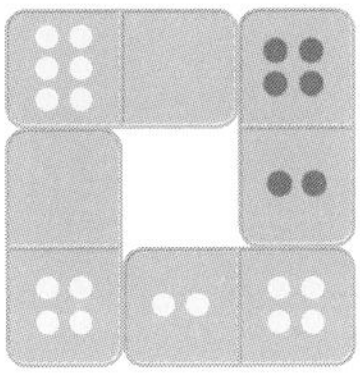

2

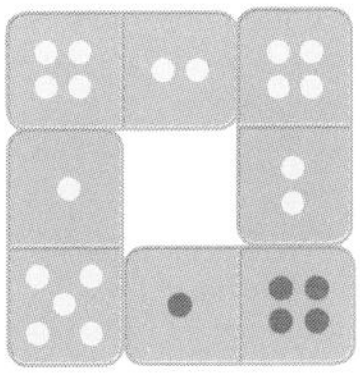

3

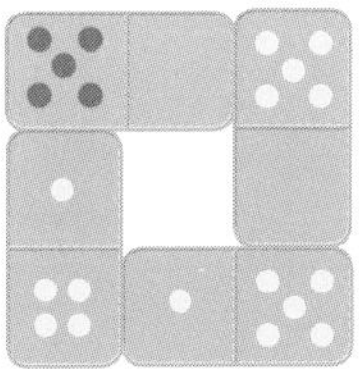

4

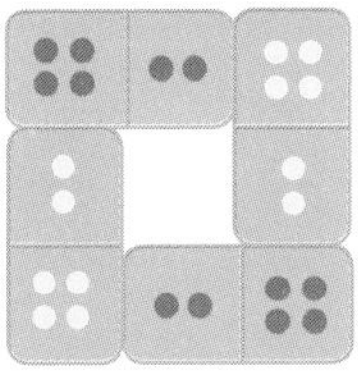

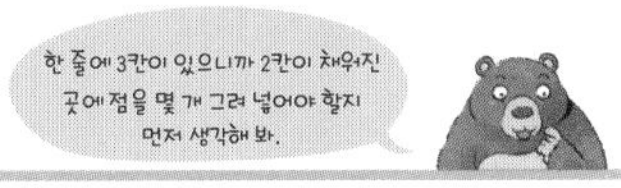

3

한 줄에 3개의 칸이 놓여 있으므로 3개 중 2개의 칸이 채워진 줄부터 먼저 확인해 보면 쉽게 해결할 수 있습니다.

1

㉠에는 윗줄에 6개가 있으므로 10개가 되려면 4개의 점이 필요합니다. ㉡에는 맨 오른쪽 줄에 4개와 4개로 8개가 있으므로 10개가 되려면 2개의 점이 필요합니다.

4

㉠에는 가장 왼쪽 줄에 6개가 있으므로 10개가 되려면 4개의 점이 필요합니다.

㉡에는 가장 윗줄에 4개와 4개로 8개가 있으므로 10개가 되려면 2개의 점이 필요합니다.

㉢에는 가장 오른쪽 줄에 6개가 있으므로 10개가 되려면 4개의 점이 필요합니다.

㉣에는 가장 아랫줄에 4개와 4개로 8개가 있으므로 10개가 되려면 2개의 점이 필요합니다.

STEP 3 도미노 퍼즐(3)

1 도미노를 놓아서 각 줄에 있는 점의 개수의 합이 10이 되도록 빈 도미노에 점을 그려 보세요.

1

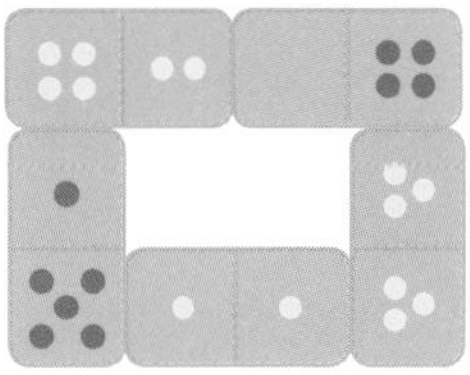

2

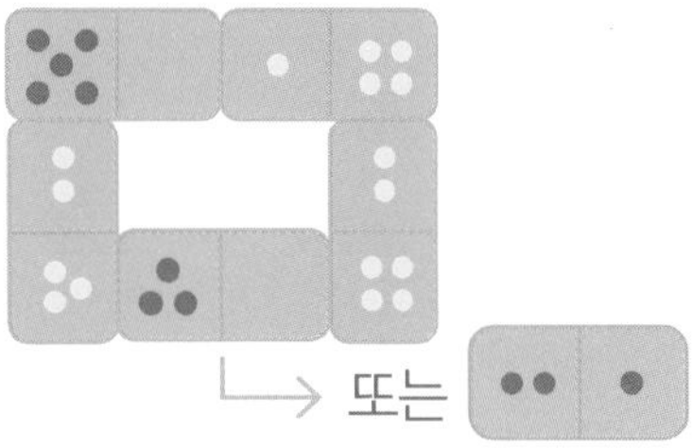

3

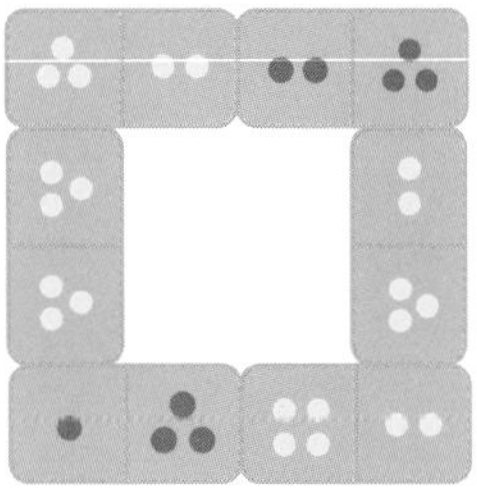

4

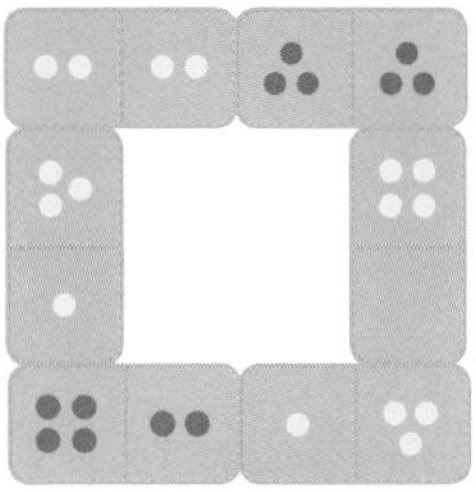

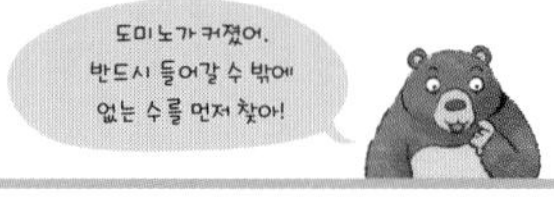

1

1

㉠에는 가장 오른쪽 줄에 6개가 있으므로 10개가 되려면 4개의 점이 필요합니다.

㉡에는 가장 윗줄에 6개와 4개로 10개가 있으므로 점을 그려 넣지 않습니다.

㉢에는 가장 아랫줄에 5개가 있으므로 10개가 되려면 5개의 점이 필요합니다.

㉣에는 가장 왼쪽 줄에 4개와 5개로 9개가 있으므로 10개가 되려면 1개의 점이 필요합니다.

3

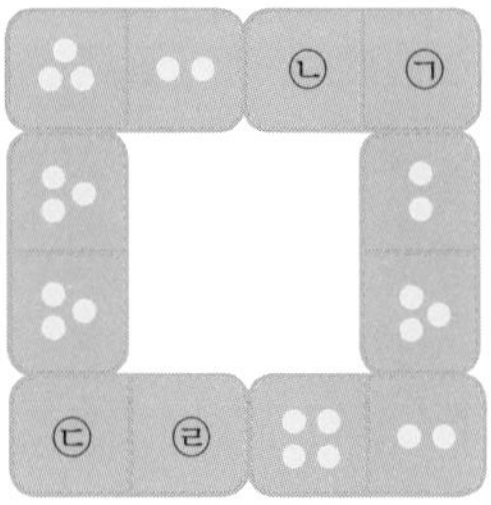

㉠에는 가장 오른쪽 줄에 7개가 있으므로 10개가 되려면 3개의 점이 필요합니다.

㉡에는 가장 윗줄에 5개와 3개로 8개가 있으므로 10개가 되려면 2개의 점이 필요합니다.

㉢에는 가장 왼쪽 줄에 9개가 있으므로 10개가 되려면 1개의 점이 필요합니다.

㉣에는 가장 아랫줄에 1개와 6개로 7개가 있으므로 10개가 되려면 3개의 점이 필요합니다.

STEP 1 색깔 판 맞추기

1 가로와 세로에 빨강, 파랑, 노랑 3가지 색깔이 한 가지씩만 있도록 색칠해 보세요.

1

① ㄱ에 알맞은 색을 칠해 보세요.

② ㄴ에 알맞은 색을 칠해 보세요.

③ 색깔을 모두 칠해서 색깔 판을 완성해 보세요.

2

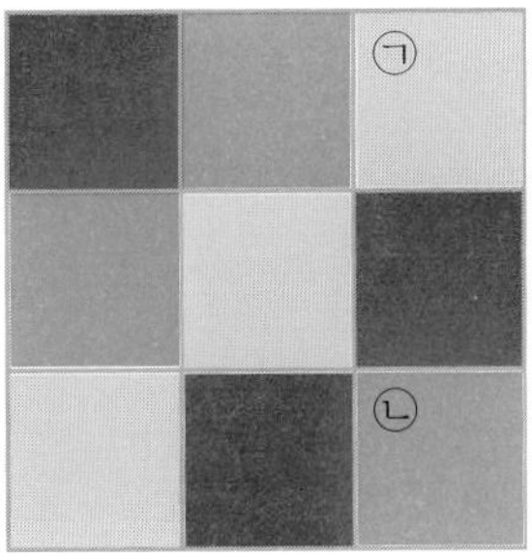

① ㄱ에 알맞은 색을 칠해 보세요.

② ㄴ에 알맞은 색을 칠해 보세요.

③ 색깔을 모두 칠해서 색깔 판을 완성해 보세요.

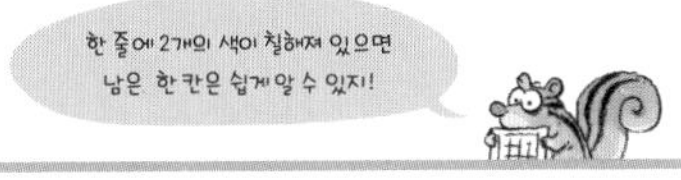

1

1

ㄱ에는 위와 아래에 노란색과 파란색이 이미 있으므로 빨간색을 칠해야 합니다.
ㄴ에는 왼쪽과 오른쪽에 빨간색과 파란색이 이미 있으므로 노란색을 칠해야 합니다.
ㄷ에는 위에는 노란색, 왼쪽에는 파란색이 있으므로 빨간색을 칠해야 합니다.
이와 같은 방법으로 한 칸씩 알맞은 색을 찾아 나갑니다.

2

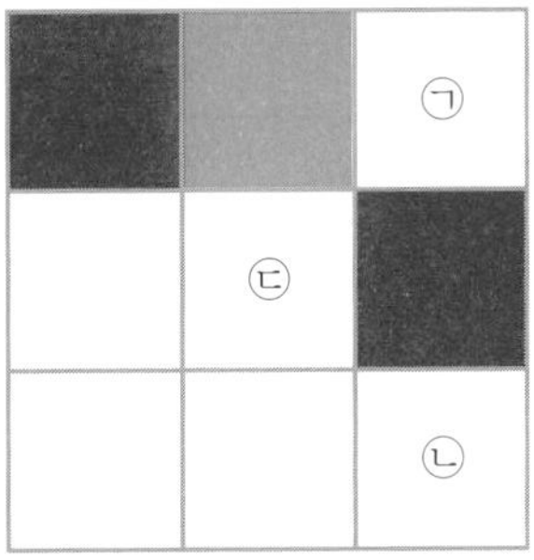

ㄱ에는 같은 가로줄에 빨간색과 파란색이 이미 있으므로 노란색을 칠해야 합니다.
ㄴ에는 같은 세로줄에 노란색과 빨간색이 이미 있으므로 파란색을 칠해야 합니다.
ㄷ에는 위에는 파란색, 오른쪽에는 빨간색이 있으므로 노란색을 칠해야 합니다.
이와 같은 방법으로 한 칸씩 알맞은 색을 찾아 나갑니다.

STEP 2 모양 판 맞추기(1)

1 가로와 세로에 ○, △, □ 3가지 모양이 한 개씩만 있도록 그려 보세요.

1

△	○	□
□	△	○
○	□	△

2

□	△	○
○	□	△
△	○	□

3

△	□	○
□	○	△
○	△	□

4

○	□	△
△	○	□
□	△	○

1

1

△	○	㉠
㉢	㉡	○
	□	

㉠에는 같은 가로줄에 ○와 △가 이미 있으므로 □를 그려 넣어야 합니다.
㉡에는 위에 ○, 아래에 □가 있으므로 △를 그려 넣어야 합니다.
㉢에는 같은 가로줄에 ○와 △가 이미 있으므로 □를 그려 넣어야 합니다.
이와 같은 방법으로 한 칸씩 알맞은 모양을 찾아 나갑니다.

3

△	㉠	○
㉢	㉡	
	△	

㉠에는 같은 가로줄에 ○와 △가 이미 있으므로 □를 그려 넣어야 합니다.
㉡에는 위에 □, 아래에 △가 있으므로 ○를 그려 넣어야 합니다.
㉢에는 위에 △, 오른쪽에 ○가 이미 있으므로 □를 그려 넣어야 합니다.
이와 같은 방법으로 한 칸씩 알맞은 모양을 찾아 나갑니다.

STEP 2 모양 판 맞추기(2)

1 가로와 세로에 ○, △, □, ♡ 4가지 모양이 한 개씩만 있도록 그려 보세요.

1

□	△	♡	○
○	♡	△	□
♡	□	○	△
△	○	□	♡

2

○	□	♡	△
♡	△	□	○
□	○	△	♡
△	♡	○	□

1

□		㉢	
㉠	♡	△	㉡
♡	□	○	
△			

㉠에는 세로줄에 □, ♡, △가 있으므로 ○가 들어가야 합니다.
㉡에는 가로줄에 ○, ♡, △가 있으므로 □가 들어가야 합니다.
㉢에는 가로줄에 □가 있고, 세로줄에 △, ○가 있으므로 ♡가 들어가야 합니다.
나머지를 위와 같은 방법으로 해결합니다.

2

○	□	㉠	△
	△		
	㉡		♡
	♡	○	㉢

㉠에는 가로줄에 ○, □, △가 있으므로 ♡가 들어가야 합니다.
㉡에는 세로줄에 □, △, ♡가 있으므로 ○가 들어가야 합니다.
㉢에는 가로줄에 ♡, ○가 있고, 세로줄에 ♡, △가 있으므로 □가 들어가야 합니다.
나머지를 위와 같은 방법으로 해결합니다.

STEP 3 한 줄에 하나씩

붙임 딱지 부록 물건, 동물

1 가로와 세로에 마술 피리, 모자, 신발, 지팡이 4가지 물건이 한 개씩만 있도록 붙임 딱지를 붙여 보세요.

2 가로와 세로에 4가지 동물들이 한 마리씩만 있도록 붙임 딱지를 붙여 보세요.

네 가지가 한 줄에 하나씩만! 가로줄, 세로줄 모두 잘 살펴봐야 해.

1

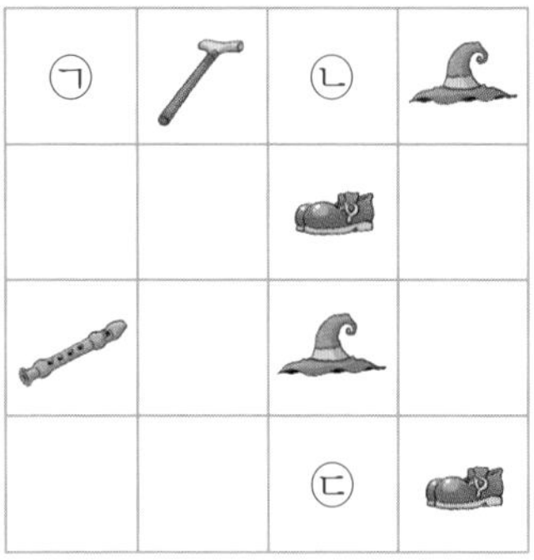

㉠에는 세로줄에 피리, 가로줄에 지팡이, 모자가 있으므로 신발이 들어가야 합니다.
㉡에는 가로줄에 신발, 지팡이, 모자가 있으므로 피리가 들어가야 합니다.
㉢에는 세로줄에 피리, 신발, 모자가 들어가 있으므로 지팡이가 들어가야 합니다.
나머지를 위와 같은 방법으로 해결합니다.

2

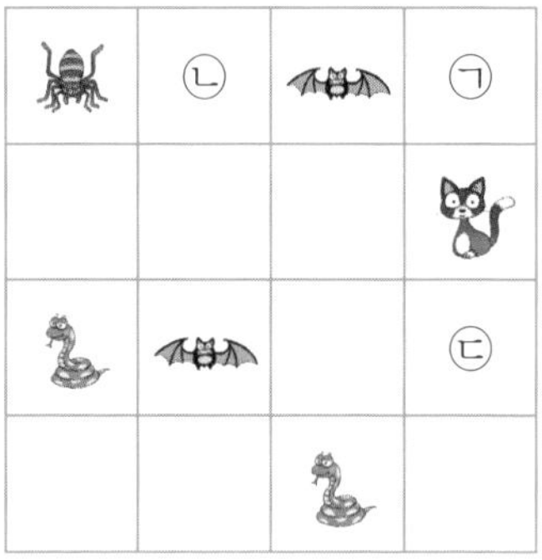

㉠에는 가로줄에 거미, 박쥐, 세로줄에 고양이가 있으므로 뱀이 들어가야 합니다.
㉡에는 가로줄에 거미, 박쥐, 뱀이 있으므로 고양이가 들어가야 합니다.
㉢에는 세로줄에 뱀, 고양이가 있고, 가로줄에 뱀, 박쥐가 있으므로 거미가 들어가야 합니다.
나머지를 위와 같은 방법으로 해결합니다.

STEP 1 색깔 퍼즐(1)

1 빨강, 파랑, 노랑 3가지 색으로 옆에 붙어 있는 땅의 색이 모두 다르도록 색칠해 보세요.

1

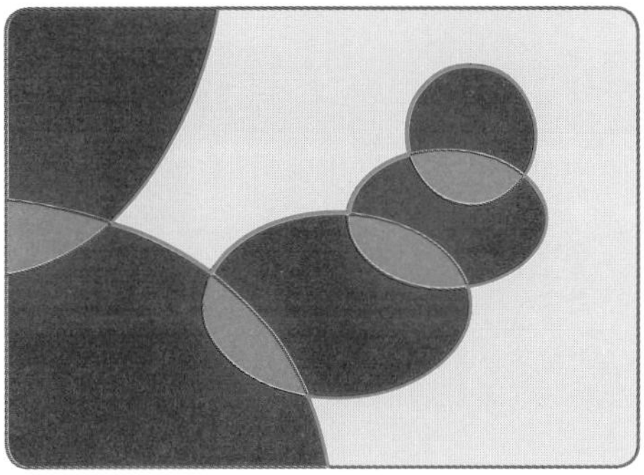

2

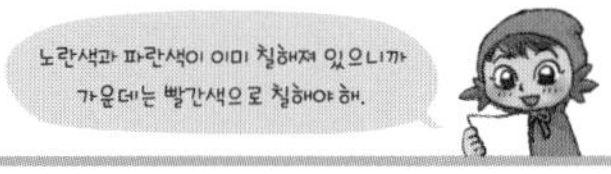

STEP 2 색깔 퍼즐(2)

1 빨강, 파랑, 노랑, 초록 4가지 색으로 옆에 붙어 있는 땅의 색이 모두 다르도록 색칠해 보세요.

1

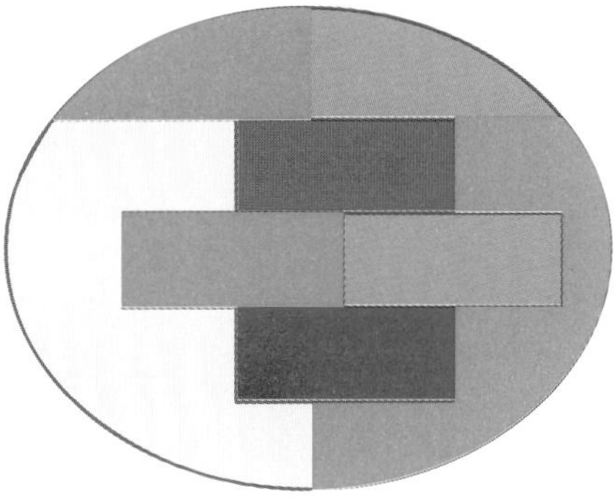

2

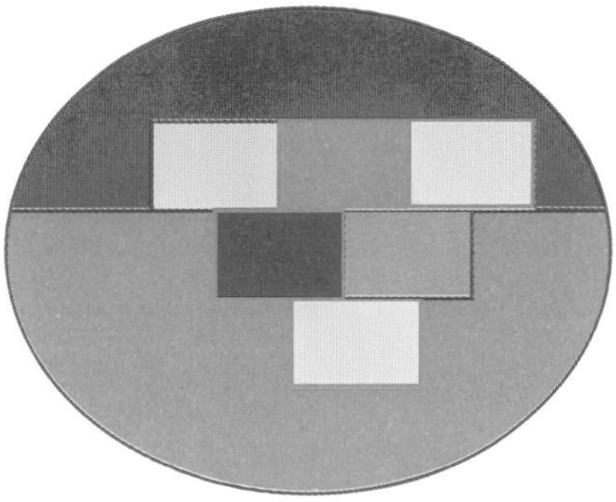

STEP 2 색깔 퍼즐(2)

3

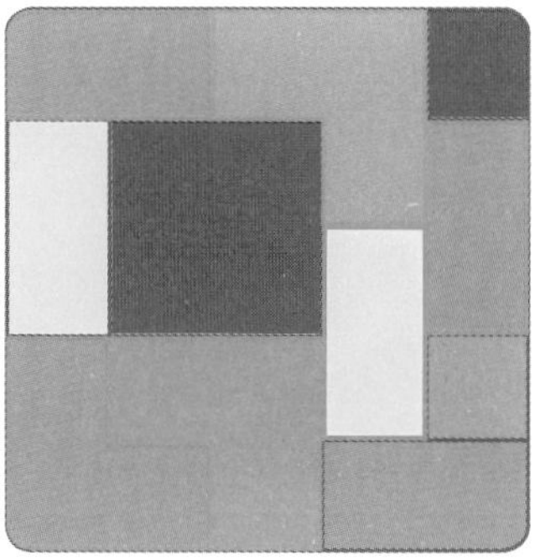

4

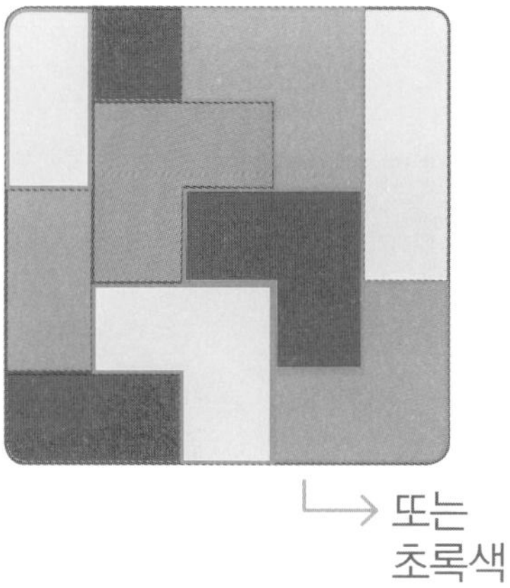

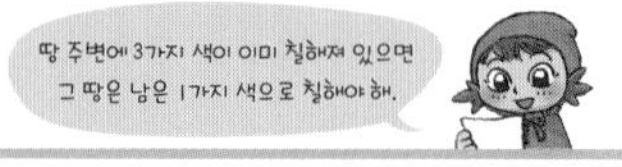

3

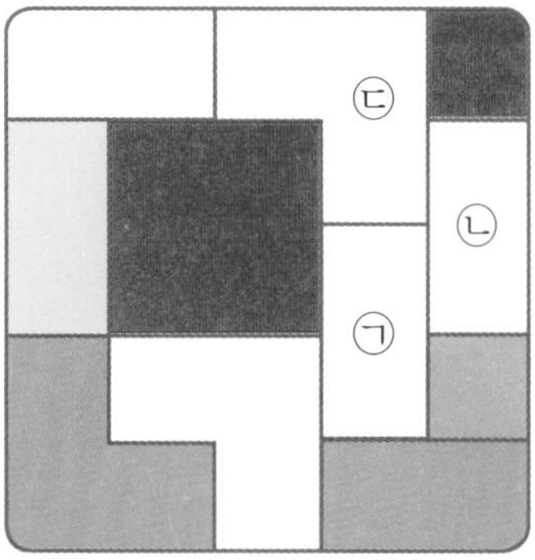

㉠에는 주변에 빨간색, 파란색, 초록색이 모두 있으므로 노란색을 칠해야 합니다.
㉡에는 주변에 빨간색, 노란색, 파란색이 모두 있으므로 초록색을 칠해야 합니다.
㉢에는 주변에 빨간색, 노란색, 초록색이 모두 있으므로 파란색을 칠해야 합니다.
이와 같은 방법으로 한 칸씩 알맞은 색을 찾아 나갑니다.

4

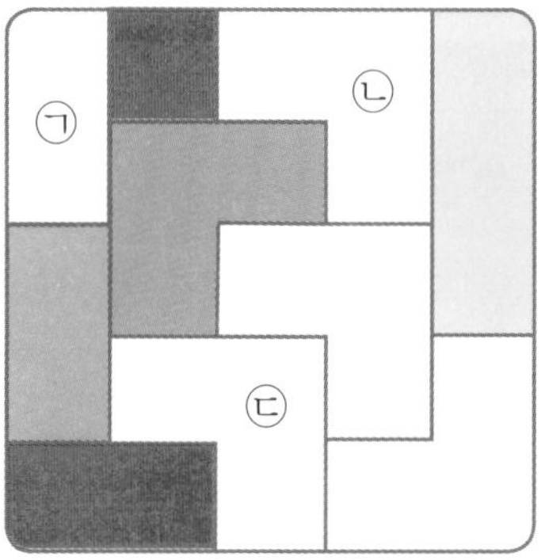

㉠에는 주변에 빨간색, 파란색, 초록색이 모두 있으므로 노란색을 칠해야 합니다.
㉡에는 주변에 빨간색, 노란색, 초록색이 모두 있으므로 파란색을 칠해야 합니다.
㉢에는 주변에 빨간색, 파란색, 초록색이 모두 있으므로 노란색을 칠해야 합니다.
이와 같은 방법으로 한 칸씩 알맞은 색을 찾아 나갑니다.

STEP 3 색깔 퍼즐(3)

1 빨강, 파랑, 노랑, 초록 4가지 색으로 옆에 붙어 있는 땅의 색이 모두 다르도록 색칠해 보세요.

1

2

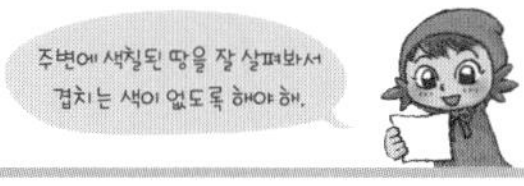

1

1

㉠에는 주변에 빨간색, 파란색, 초록색이 모두 있으므로 노란색을 칠해야 합니다.
㉡에는 주변에 파란색, 노란색, 초록색이 모두 있으므로 빨간색을 칠해야 합니다.
㉢에는 주변에 빨간색, 파란색, 초록색이 모두 있으므로 노란색을 칠해야 합니다.
이와 같은 방법으로 한 칸씩 알맞은 색을 찾아 나갑니다.

2

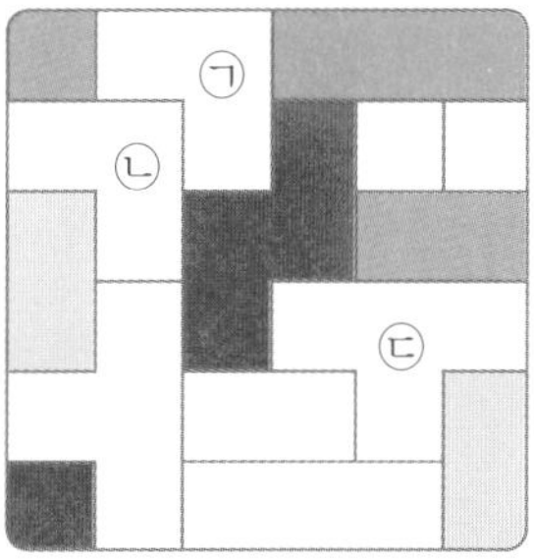

㉠에는 주변에 빨간색, 파란색, 초록색이 모두 있으므로 노란색을 칠해야 합니다.
㉡에는 주변에 빨간색, 노란색, 초록색이 모두 있으므로 파란색을 칠해야 합니다.
㉢에는 주변에 빨간색, 노란색, 초록색이 모두 있으므로 파란색을 칠해야 합니다.
이와 같은 방법으로 한 칸씩 알맞은 색을 찾아 나갑니다.

100~101쪽

STEP 1 위치 추리(1)

1 애벌레 여러 마리가 한 줄로 지나가고 있어요. 애벌레는 모두 몇 마리일까요?

1
- 노란색 애벌레는 제일 끝에 가고 있어요.
- 노란색 애벌레 앞에는 7마리의 초록색 애벌레들이 가고 있어요.

(8)마리

2
- 초록색 애벌레들 사이에 노란색 애벌레가 있어요.
- 노란색 애벌레 앞에는 초록색 애벌레가 3마리, 뒤에는 초록색 애벌레가 2마리 있어요.

(6)마리

3
- 초록색 애벌레들 사이에 노란색 애벌레가 있어요.
- 노란색 애벌레는 앞에서 둘째, 뒤에서 넷째에 있어요.

(5)마리

4
- 노란색 애벌레는 제일 끝에 가고 있어요.
- 노란색 애벌레와 가장 친한 초록색 애벌레는 앞에서 넷째에 있어요.
- 제일 끝에 가고 있는 노란색 애벌레와 가장 친한 초록색 애벌레 사이에는 다른 초록색 애벌레가 2마리 있어요.

(7)마리

앞에서 둘째, 뒤에서 넷째면 앞에는 1마리, 뒤에는 3마리가 있어야 하네!

1

1 노란색 애벌레 앞에는 7마리의 초록색 애벌레들이 있으므로 초록색 애벌레 7마리, 노란색 애벌레 1마리로 모두 8마리입니다.

2 노란색 애벌레의 앞에는 초록색 애벌레가 3마리, 뒤에는 2마리 있습니다. 따라서 모두 6마리입니다.

3 노란색 애벌레는 앞에서 둘째, 뒤에서 넷째에 있으므로 노란색 애벌레의 앞에는 초록색 애벌레가 1마리, 뒤에는 3마리 있습니다. 따라서 모두 5마리입니다.

4 노란색 애벌레와 제일 친한 초록색 애벌레는 앞에서 넷째에 있고 이 애벌레와 제일 끝에 있는 노란색 애벌레 사이에는 2마리의 초록색 애벌레가 있으므로 모두 7마리입니다.

STEP 2 위치 추리(2)

1 서로 다른 색깔의 애벌레들이 길을 지나가고 있어요. 설명에 맞게 애벌레에 알맞은 색을 칠해 보세요.

1

- 노란색, 초록색, 빨간색 애벌레가 지나가고 있어요.
- 빨간색 애벌레 2마리는 옆으로 나란히 지나가고 있어요.
- 초록색 애벌레는 빨간색 애벌레 뒤에 가고 있어요.

2

- 노란색, 초록색, 빨간색 애벌레가 지나가고 있어요.
- 노란색 애벌레 2마리 중 1마리는 가장 빠르게, 1마리는 가장 느리게 가고 있어요.
- 빨간색 애벌레는 노란색 애벌레 바로 앞에 가고 있어요.

1

1 빨간색 애벌레 2마리가 옆으로 나란히 지나가고 있으므로 다음과 같습니다.

초록색 애벌레는 빨간색 애벌레 뒤에 있고, 남은 한 마리는 노란색 애벌레이므로 노란색 애벌레가 가장 앞에 가고 있습니다.

2 노란색 애벌레 2마리 중 1마리는 가장 빠르게, 1마리는 가장 느리게 가고 있으므로 다음과 같습니다.

빨간색 애벌레는 노란색 애벌레 바로 앞에 있으므로, 빨간색 애벌레 옆에 초록색 애벌레가 있습니다.

104~105쪽

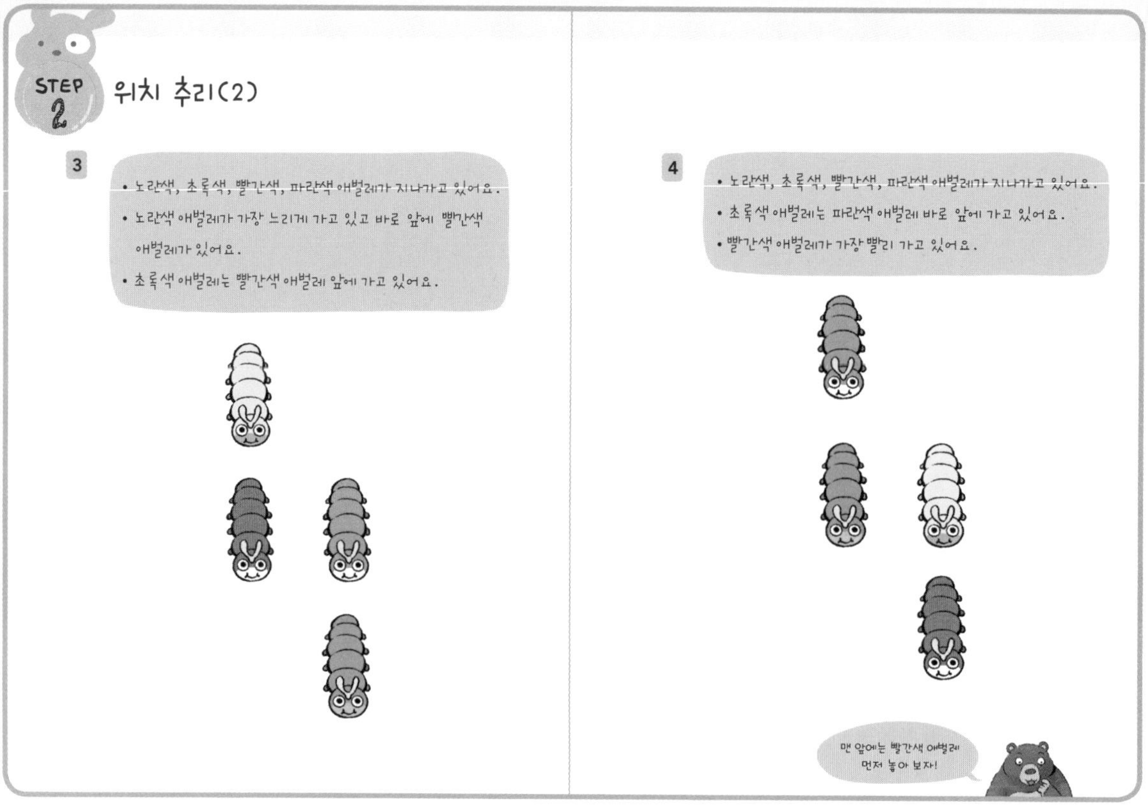

STEP 2 위치 추리(2)

3
- 노란색, 초록색, 빨간색, 파란색 애벌레가 지나가고 있어요.
- 노란색 애벌레가 가장 느리게 가고 있고 바로 앞에 빨간색 애벌레가 있어요.
- 초록색 애벌레는 빨간색 애벌레 앞에 가고 있어요.

4
- 노란색, 초록색, 빨간색, 파란색 애벌레가 지나가고 있어요.
- 초록색 애벌레는 파란색 애벌레 바로 앞에 가고 있어요.
- 빨간색 애벌레가 가장 빨리 가고 있어요.

3 노란색 애벌레가 가장 느리게 가고 있으므로 가장 뒤에 있고 그 앞에는 빨간색 애벌레가 있습니다.
초록색 애벌레는 빨간색 애벌레 앞에 있으므로 맨 앞에는 초록색 애벌레가 가고 있고 빨간색 애벌레 옆에는 파란색 애벌레가 있습니다.

4 빨간색 애벌레가 가장 빨리 가고 있으므로 가장 앞에 있습니다.
초록색 애벌레는 파란색 애벌레 바로 앞에 있으므로 파란색 애벌레가 제일 뒤에 가고 있고, 초록색 애벌레 옆에는 노란색 애벌레가 있습니다.

STEP 3 위치 추리(3)

1 애벌레들의 집이에요. 설명을 읽고 어떤 색의 애벌레가 어디에 사는지 붙임 딱지를 붙여 보세요.

1

- 노란색, 초록색, 연두색, 갈색, 빨간색 애벌레가 살고 있어요.
- 갈색 애벌레 아래에는 노란색 애벌레가 살고 있어요.
- 초록색 애벌레 위에는 빨간색 애벌레가 살고 있어요.
- 갈색 애벌레 옆에는 초록색 애벌레가 살고 있어요.

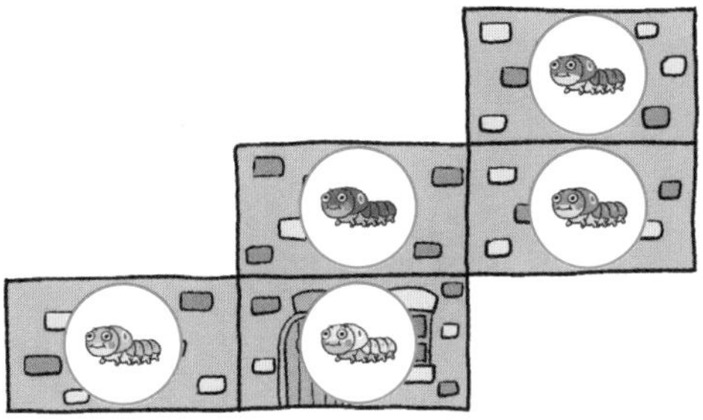

붙임 딱지 부록 애벌레

2

- 노란색, 초록색, 연두색, 갈색, 빨간색 애벌레가 살고 있어요.
- 노란색 애벌레 옆에는 초록색 애벌레가 살고 있어요.
- 초록색 애벌레 위에는 연두색 애벌레가 살고 있어요.
- 노란색 애벌레 아래에는 빨간색 애벌레가 살고 있어요.

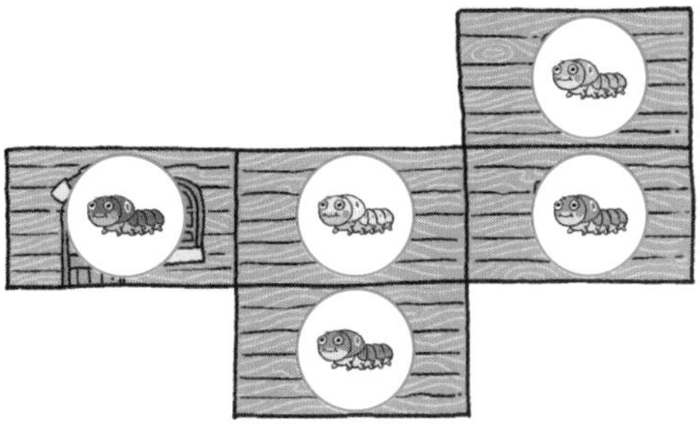

1

1 갈색과 초록색 애벌레는 옆에 살고 있으므로 1층 또는 2층에 살고 있습니다. 그런데 갈색 애벌레 아래에 노란색 애벌레가 살고 있으므로 갈색 애벌레는 2층에 삽니다.

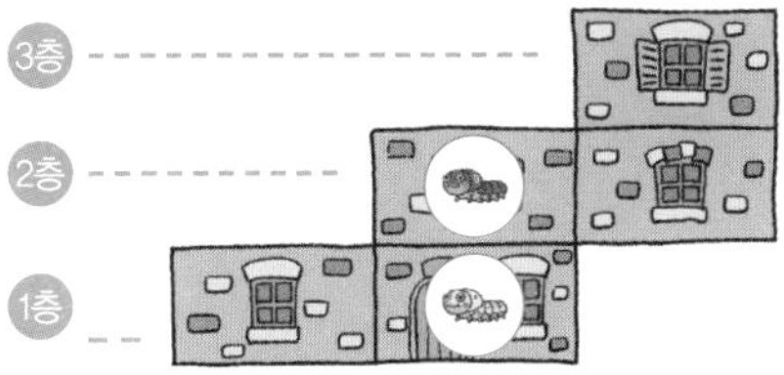

초록색 애벌레 위에 빨간색 애벌레가 살고, 나머지 집에는 연두색 애벌레가 삽니다.

2 노란색 애벌레 기준으로 옆에는 초록색, 아래에는 빨간색 애벌레가 살고 있으므로 노란색 애벌레는 가운데 집에 삽니다.

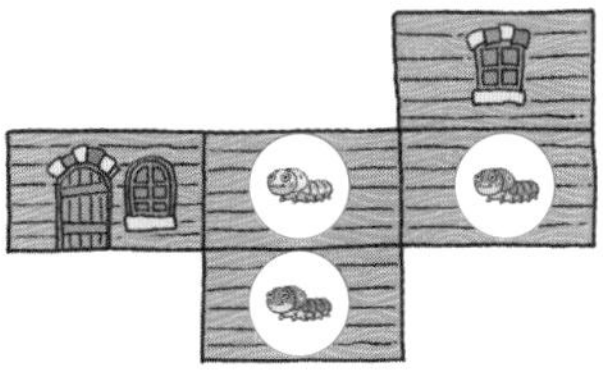

초록색 애벌레 위에 연두색 애벌레가 살고 있고 나머지 집에는 갈색 애벌레가 삽니다.

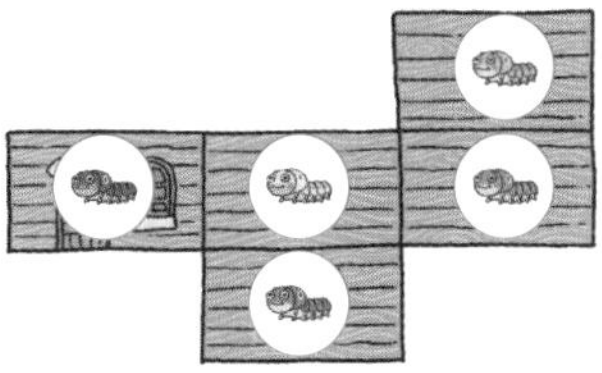

이 책에 나오는 등장 인물들을

예쁘게 오려서 이야기 놀이를

해 보세요.

가위질은 집중력과 인내심을 길러 줍니다. 스스로 모양을 예쁘게 잘라 보세요!

도형 조각

53~59쪽 사용

✂ 가위질은 집중력과 인내심을 길러 줍니다. 스스로 모양을 예쁘게 잘라 보세요!

붙임 딱지 부록

물건, 동물

82~83쪽 사용

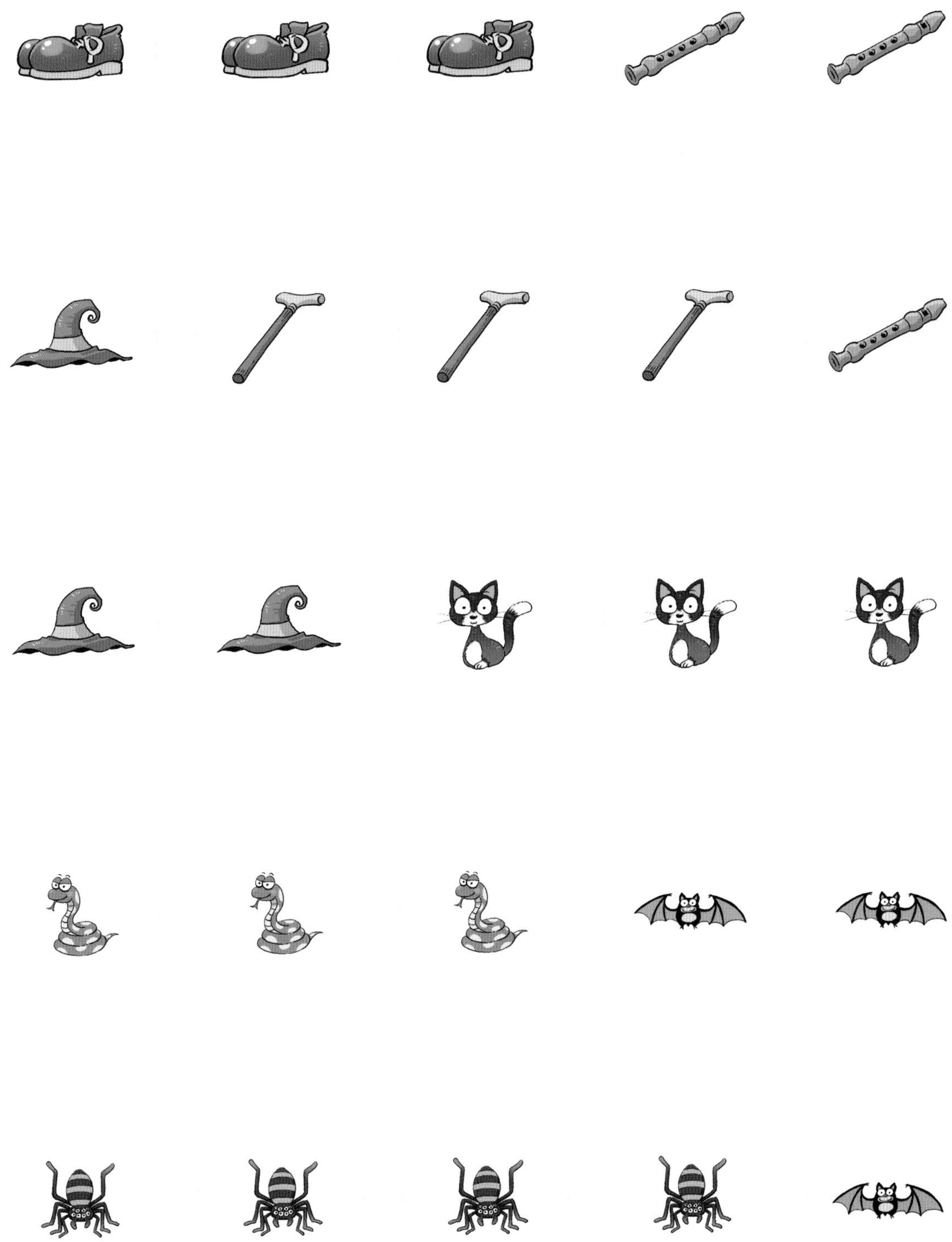

애벌레

106~107쪽 사용

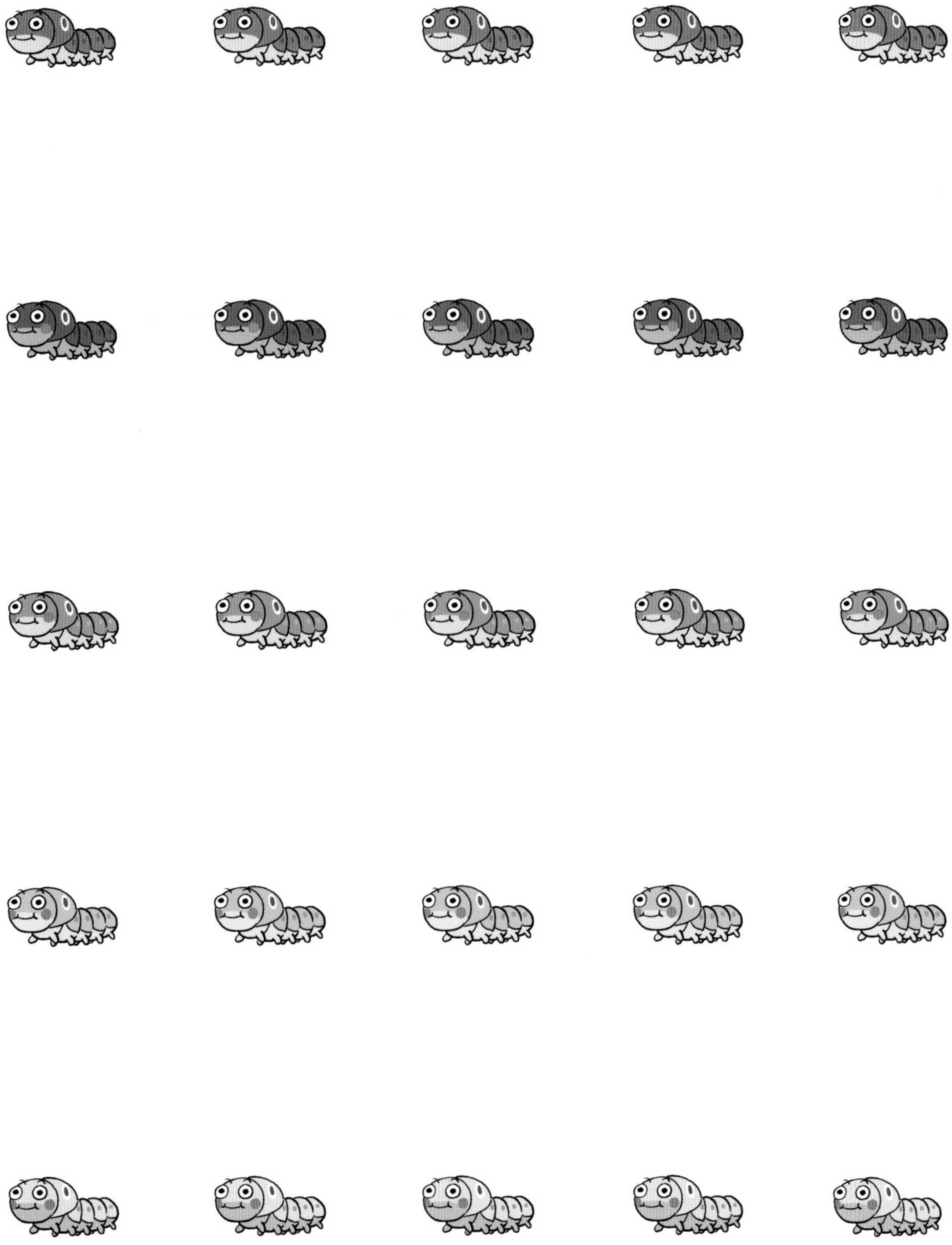